《秀珍菇高产栽培技术及常见问题图解》

编 委 会

编写单位 广西壮族自治区农业科学院微生物研究所
玉林市微生物研究所
河池市宜州区农业科学研究所
全州县农科所

主　　编 陈雪凤 吴圣进 刘增亮
副 主 编 陈国龙 张雯龙 韦仕岩
编写人员 阎　勇 郎　宁 潘庆流 王灿琴 秦延春
石　鹏 卢玉文 廖晋楠 祁亮亮 韦贤平
蒋建明

XIUZHENGU

GAOCHAN ZAIPEI JISHU

JI CHANGJIAN WENTI TUJIE

秀珍菇
高产栽培技术及常见问题图解

陈雪凤　吴圣进　刘增亮 ◉ 主编

中国农业出版社
北　京

前言
PREFACE

秀珍菇又名肺形侧耳，是近年迅速发展起来的一种食用菌新品种，鲜菇形态优美娇小，具有菌肉结实、耐储运等优点，更具鲜嫩清脆、味道鲜美的上佳口感，深受广大消费者喜爱，已成为人们餐桌上一道鲜美又价廉的菜肴。

20世纪90年代，秀珍菇从台湾引进到福建，后在广东、山西、吉林等地区陆续栽培成功后，被迅速推广，至2018年，我国秀珍菇年鲜菇总产量已超过26万t。广西于2003年开始引进栽培秀珍菇，目前，年产量8万多吨，位居全国前列。

广西引进秀珍菇后，在栽培季节、栽培模式和栽培技术上进行了多年的区域适宜性调整和改进，使产业得以快速发展。从以冬季顺季节出菇的栽培模式为主，逐渐调整为以夏季反季节出菇栽培模式为主。但随着秀珍菇在广西全域范围内推广栽培，其栽培生产也出现了不少问题。为此，我们深感有必要总结一套较完整的栽培技术，以帮助广大生产者更全面地了解秀珍菇的生物学特性和栽培工艺，更好地掌握栽培各环节中的管理要点，以促进秀珍菇产业的稳步健康发展。

在国家现代农业产业技术体系广西食用菌创新团队、广西宜州桑枝食用菌试验站、广西食用菌先锋队、广西全州食用菌试验站，以及反季节秀珍菇优良品种繁育技术研究及示范推广等项目资助下，广西农业科学院食用菌分子辅助育种团队自2015年起，开展了秀珍菇种质资源收集评价、品种筛选、优良菌种繁育、本地化原料栽培配方优化、病虫害防控等技术研究及协同推广示范工作。《秀珍菇高产栽培技术及常见问题图解》是在这些研究工作所取成果的基础上完成的。

本书的特点是图文并茂，编排了很多从研究和生产中获得的第一手资料、照片和极具参考价值的数据，系统、详细地介绍了秀珍菇概况、品种类型及生物学特性、菌种制作技术工艺、主要设施设备、栽培技术、生产常见问题分析与防控措施、采收与采后商品化处理加工技术、菌渣循环利用等内容。书中大部分内容源于作者多年的研究结果，其中，主要设施设备和常见问题与防控措施部分主要是归纳总结生产实践，秀珍菇概况与循环利用等部分内容参考黄年来、宫志远、曾英书等专家报道的数据，秀珍菇历年产量数据来源于中国食用菌协会和广西食用菌产业管理部门历年的统计报表。

本书文稿虽然经过多次修改和补充，但由于编写水平所限，难免有错漏之处，敬请同行和广大读者批评指正。

作　者

2022年3月

目 录

CONTENTS

前言

第一章 秀珍菇概况

一、秀珍菇的来源及栽培历程 / 001
二、秀珍菇的营养及药用价值 / 002
三、全国及广西秀珍菇栽培概况 / 003
四、秀珍菇的市场前景 / 004

第二章 秀珍菇栽培品种类型及生物学特性

一、秀珍菇的分类地位 / 005
二、秀珍菇品种及类型 / 005
三、秀珍菇形态特征 / 006
四、秀珍菇生长发育条件 / 007

第三章 秀珍菇菌种制作技术工艺

一、菌种生产的基本设施设备 / 010

二、秀珍菇菌种分级 / 013
三、母种培养基配制 / 014
四、种源的组织分离及纯化 / 016
五、母种复壮及扩繁 / 017
六、原种、栽培种生产技术 / 018
七、秀珍菇菌种质量要求与检验 / 023
八、枝条菌种的制作 / 027
九、菌种保藏 / 029

第四章 秀珍菇栽培主要设施设备

一、栽培场地要求及选择 / 032
二、生产主要设备 / 033
三、菇棚类型及搭建 / 038
四、冷却室 / 040
五、接种室 / 041

第五章 秀珍菇栽培技术

一、品种选择及栽培季节安排 / 043
二、栽培原料选择与处理 / 044
三、原料的配制 / 049
四、菌棒制作 / 052
五、菌棒接种 / 058
六、菌棒菌丝培养 / 061
七、出菇管理 / 065

第六章 秀珍菇常见问题分析及防控措施

一、秀珍菇常见菌丝生理性问题及防控措施 / 072
二、菌棒杂菌污染问题与防控措施 / 076

三、秀珍菇黄斑病症状与防控措施 / 082
四、出菇期间常见问题 / 084
五、常见虫害及防控措施 / 090

第七章 秀珍菇采收与采后商品化处理技术

一、秀珍菇采收标准 / 097
二、采收技术规范 / 097
三、预冷处理 / 099
四、采后分级 / 099
五、包装 / 101
六、冷藏保鲜 / 103
七、秀珍菇脱水烘干技术 / 103

第八章 秀珍菇菌渣循环利用

一、食用菌菌渣再利用的意义 / 106
二、食用菌菌渣综合利用方式 / 107

参考文献 / 112

XIUZHENGU

GAOCHAN ZAIPEI JISHU

JI CHANGJIAN WENTI TUJIE

第一章

秀珍菇概况

一、秀珍菇的来源及栽培历程

秀珍菇（*Pleurotus pulmonarius*）是近年来发展起来的一种食用菌新品种，鲜菇形态优美纤小，质地脆嫩、口感爽滑、风味独特，味道清香浓郁，蛋白质含量丰富、氨基酸种类较多，因此深受广大消费者喜爱。

秀珍菇原产于印度查谟（Jammu），生长于霸王鞭（*Euphorbia royleana*）的树桩上，1974年，由菌物学家Jandiaik.C.L首次发现并驯化成功。于20世纪90年代中期引入台湾，台湾农业试验所对秀珍菇进行研究，经过不断地培养、试验，成功选育出栽培品种，改进栽培工艺后，开发成可商品化生产的新菇种。1998年，福州日胜食品有限公司林俊仁从台湾引进秀珍菇，在福建罗源县西兰乡试种成功150万袋。该公司在上海、深圳等地打开销路之后，秀珍菇产业在罗源县快速发展。2001年，上海青浦区的福星农产品公司率先与农林公司合作在上海进行秀珍菇生产。同年，浙江常山、江山等地先后引进秀珍菇，建设规模化、集约化生产基地，生产规模异军突起，迅速成为浙西地区食用菌的一朵奇葩。2009年以后，广西、广东、浙江等地的桑蚕生产基地陆续开始利用桑枝木屑栽培秀珍菇，实现了经济效益和环境保护双赢。目前，秀珍菇已成为福建、浙江部分农村地区的重要经济支柱产业，在上海、广西、江苏、安徽、河南、山东等地也有较大栽培面积。我国秀珍菇经过20余年的发展，呈现出生产基地规模化、生产技术标准化、生产条件设施化、生产模式专业化的特点。秀珍菇在美国、加拿大、澳大利亚等地也被广泛栽培。

二、秀珍菇的营养及药用价值

随着人们生活水平的提高，越来越多的人注重饮食结构的健康与营养。中国传统的饮食习惯讲究荤素搭配，过量地摄入“荤”会增加高血压、高血糖等疾病的患病风险，同时会增加人体内胆固醇、草酸和钙的含量，易形成肾结石等疾病。菇类中富含蛋白质、氨基酸和微量元素，具有独特的营养价值，同时具有低热量、低脂肪等特征，可以调节机体免疫功能，使膳食结构更加合理。

秀珍菇不仅味道鲜美，营养价值也很高。有研究报道，新鲜秀珍菇中含蛋白质3.65%～3.88%，较香菇及草菇更高，接近于肉类，比一般蔬菜高3～6倍，与其他食用菌一样，是人类优质蛋白质的来源；含有18种氨基酸，其中必需氨基酸占总氨基酸的35%以上，鲜味氨基酸占30%左右，甜味氨基酸占20%左右，含有人类本身不能制造，而普通食物中又缺乏的苏氨酸、赖氨酸等；秀珍菇还含有粗脂肪1.13%～1.18%、还原糖0.87%、果胶0.4%、糖23.94%～34.87%、木质素2.64%、纤维素12.85%以及多种不饱和脂肪酸、维生素（如维生素B_1、维生素B_2及烟酸）等。另外，秀珍菇中微量元素和矿物质也比较丰富，其中，含铁27.68μg/g，锰8.37μg/g，锌49.28μg/g，铜10.59μg/g，硒0.043μg/g。综上所述，秀珍菇是一种高蛋白、低脂肪、低能量的食用菌。

秀珍菇还具有重要的药用价值。通过高效液相色谱-紫外检测法（HPLC-UV）及气相色谱-质谱法（GC-MS）鉴定秀珍菇菌丝体提取物，发现其与生物活性物质川芎嗪（TMP，tetramethyl pyrazine）的匹配度达94.9%，这一发现为利用秀珍菇生产TMP提供了依据，提高了秀珍菇的产品附加值。目前在秀珍菇中分别分离提取出中性多糖β-1，3-葡聚糖、半乳甘露聚糖。同时，对秀珍菇多糖生物活性的研究也有诸多报道，还有研究报道证明秀珍菇子实体水溶性多糖提取物具有清除自由基的作用。小鼠试验研究发现，在秀珍菇发酵液中胞外多糖作用下，糖尿病小鼠的血糖、总胆固醇以及甘油三酯分别降低了17.15%、18.8%、12.0%，降血脂效果明显。秀珍菇具有一定的抗肿瘤作用，其中起主要作用的成分是多糖，秀珍菇的水溶性含蛋白质的多糖体可以有效抑制小白鼠体内的肉瘤生长；子实体所分离出的水溶性多糖可抑制乳腺癌肿瘤细胞的生长；秀珍菇子实体多糖还具有抗氧化功能，具有一定的清除亚硝酸盐能力和较强的还原能力，且与多糖的浓度呈明显的量效关系。

此外，由于水解后鲜味物质可以得到极大的释放，所以秀珍菇还可以用于制备调味品。李佳佳（2017）利用秀珍菇干粉，采用生物酶解技术及美拉德反应制备了一种调味核心基料，该基料具有菌菇特征风味、肉香味及鲜味。

三、全国及广西秀珍菇栽培概况

秀珍菇质地细嫩，味道鲜美，营养丰富，成为近年新兴的菌中新秀，颇受市场的欢迎。因此，栽培面积迅速扩大，其模式由千家万户分散种植发展成规模化栽培及设施化栽培，栽培季节由原来的秋、冬季栽培发展到现在秋、冬（顺季节栽培）和春、夏并举的周年栽培（反季节栽培）。目前，福建、上海、浙江、广西、江苏、安徽、河南、山东等地有较大面积栽培，其中，福建、上海、浙江、广西等地出现了大规模的秀珍菇生产基地。由于反季节栽培有出菇整齐、产量高、市场好等诸多优点，同时在5—9月春夏出菇，此时是食用菌生产淡季，能够很好地弥补高温季节食用菌鲜菇产品的不足，鲜菇非常畅销，效益可观。

近年来，广西反季节秀珍菇生产规模不断扩大，在宜州、玉林、柳州、上林、贺州、桂林、南宁相继建立了具有较大规模的反季节栽培秀珍菇的基地。目前，秀珍菇已是广西主要栽培品种，产量逐年上升。2018年广西秀珍菇产量为8.46万t（图1-1），是广西食用菌栽培的第三大品种（图1-2），占全

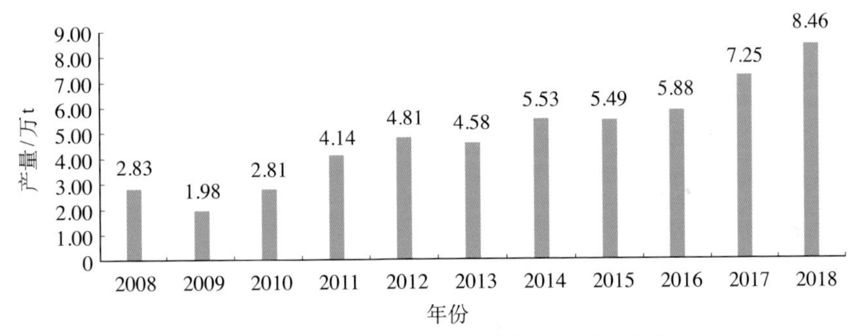

图1-1　2008—2018年广西秀珍菇产量变化情况

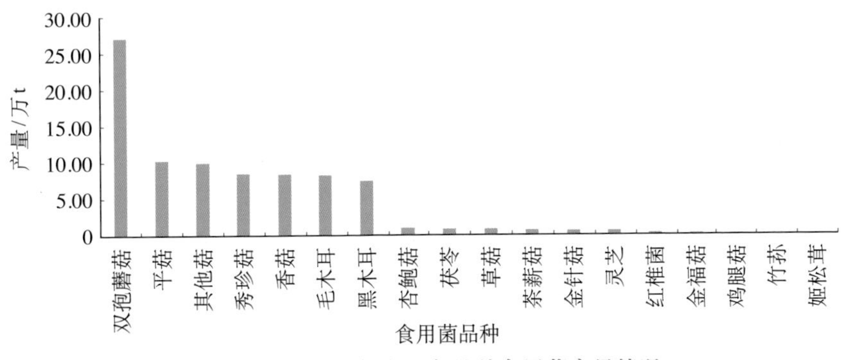

图1-2　2018年广西各品种食用菌产量情况

国秀珍菇产量的31.83%（全国秀珍菇产量为26.58万t）。据统计，2008—2016年广西秀珍菇的产量一直居全国的2～4位（表1-1）。

表1-1　2008—2016年全国和广西秀珍菇产量情况

年份	全国总产量/t	广西产量/t	广西排名	第一产量省份	第一产量省份产量/t
2008	206 745	28 290	2	福建	90 527
2009	219 706	19 797	4	福建	86 944
2010	215 642	28 065	3	福建	75 043
2011	202 387	41 399	2	福建	60 953
2012	273 338	48 101	3	福建	105 464
2013	247 974	45 836	3	福建	80 890
2014	371 422	55 300	3	福建	87 423
2015	408 073	54 869	4	福建	85 046
2016	343 666	58 799	3	福建	89 780

四、秀珍菇的市场前景

秀珍菇除了有众多的特殊营养价值和保健功能外，其独特的鲜美滋味更是适应了国内外飞速发展的现代餐饮文化新需求，因此，具有巨大的市场前景。目前，秀珍菇的市场需求量仅次于平菇，但售价却是平菇的2倍以上，具有很高的经济效益。据食用菌网报道，秀珍菇国内的价格最高可达到20元/kg。出口日本的秀珍菇大约4美元/kg。国内已有不少大型专业秀珍菇生产加工企业，如上海福星公司拥有上海及其周边江苏、浙江、安徽地区最大的秀珍菇生产基地，年生产规模300万袋左右。浙江江山市秀珍菇年栽培5 800多万袋，每天有1 500kg左右鲜菇销往嘉兴、上海等地。由此可见，秀珍菇产业有着较广阔的市场前景和经济效益，在全球范围内秀珍菇商业性栽培的规模有日益扩大的趋势。

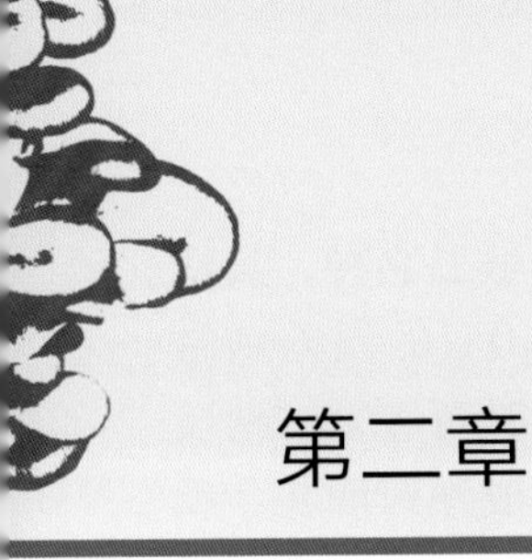

第二章

秀珍菇栽培品种类型及生物学特性

一、秀珍菇的分类地位

秀珍菇又被称为小平菇、袖珍菇、珊瑚菇、迷你蚝菇、珍珠菇、印度鲍鱼菇等，在分类学上属于担子菌门（Basidiomycota）、蘑菇目（Agaricales）、侧耳科（Pleurotaceae）、侧耳属（*Pleurotus*）。

二、秀珍菇品种及类型

目前国内栽培的秀珍菇品种有以下几类：

（1）通过国家审定或地方认定的品种

目前，通过国品认定的品种只有秀珍菇5号（国品认菌2008026、沪农品认食用菌2004第077号）；通过地方认定的秀珍菇品种有农秀1号（浙认菌2008001）、秀珍菇LD-1（鲁农审2009084）、秀迪1号（闽认菌2012010）、杭秀1号［浙（非）审菌2012001］。

（2）地方选育命名

还有许多菌株为地方选育但未经认定而自行命名的秀珍菇品种，如金秀、秀珍菇p-6、秀珍12、秀18、科大秀珍、秀珍13、秀珍菇815、秀珍701、高秀2号等。

（3）台秀系列品种

台秀57及台秀2号、台秀86等系列品种是我国台湾地区的品种，也是我国栽培量最大的秀珍菇品系。

秀珍菇菌株繁多，根据出菇温度可分为高温、中温、低温品种。本书将秀珍菇分为常规秀珍菇（俗称假秀珍）和反季节秀珍菇（俗称真秀珍）两类。

常规秀珍菇是指顺应季节栽培可出菇的品种，包括高温和中低温品种，其特性是菌丝长满袋后，菌丝生理成熟时间短，且仅需要3 ~ 10℃的温差刺激即可出菇。反季节秀珍菇是指既可在冬、春顺季自然出菇，又可在夏、秋反季低温刺激出菇的品种，其特性是菌丝长满袋后，菌丝生理成熟时间长，反季节栽培还需要15℃以上的温差刺激方能整齐出菇。真秀珍与假秀珍两类品种的菌丝有明显的拮抗（图2-1）。同类品种之间拮抗程度很低甚至无拮抗(图2-2)。

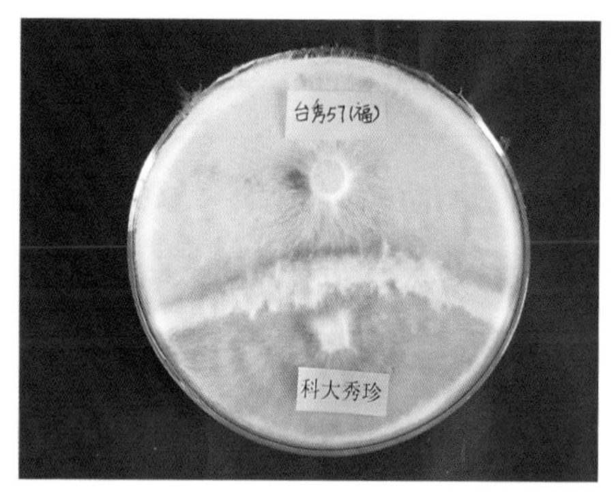

图2-1　真秀珍与假秀珍拮抗程度明显

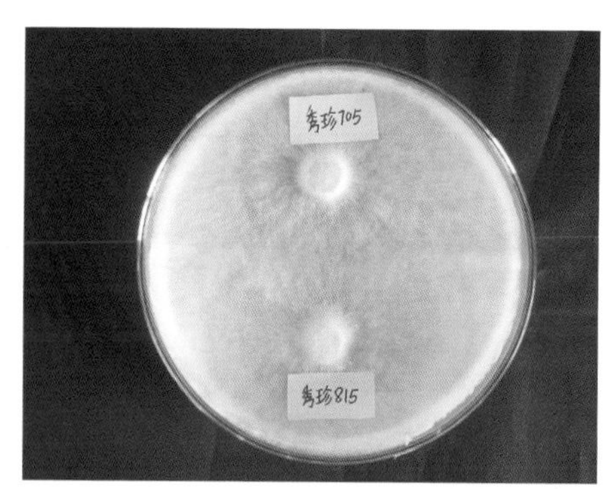

图2-2　同类品种之间无拮抗

三、秀珍菇形态特征

秀珍菇子实体单生或散生，与大多数丛生或簇生的平菇不同；菌盖呈扇形、贝壳形、肾形，直径一般为2 ~ 7cm，分化初期呈白色，后逐渐变为灰色或深灰色，温度高时呈灰白色，温度低时呈灰褐色或茶褐色；菌柄侧生，菌肉、菌柄、菌褶白色，孢子印白色。菌丝体形态：在马铃薯葡萄糖琼脂（PDA）培养基上呈白色、纤细绒毛状，气生菌丝发达，呈辐射状或扇形生长（图2-3 ~图2-6）。

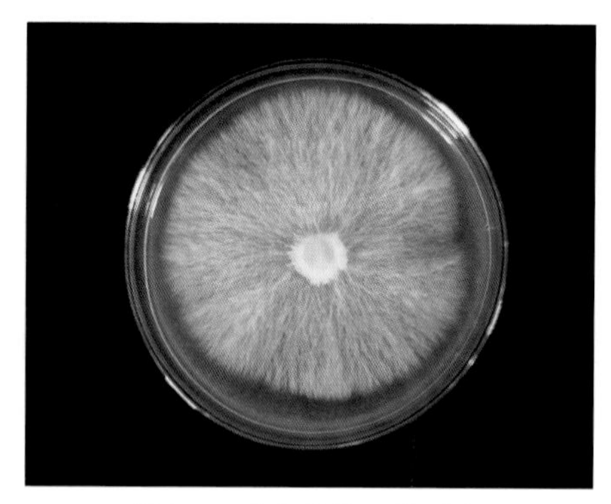

图2-3　秀珍菇菌丝体形态

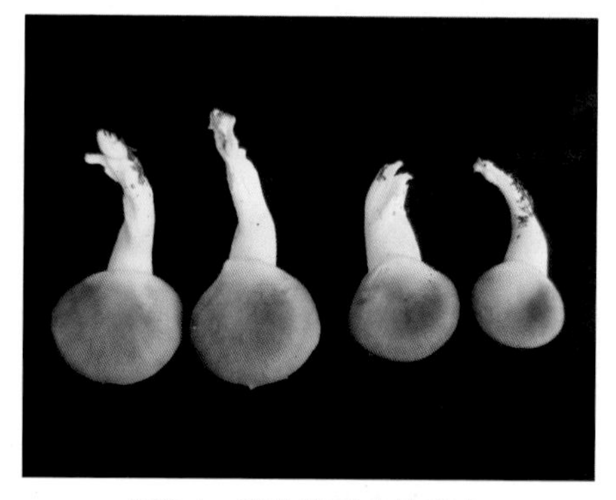

图2-4　秀珍菇子实体形态

图2-5 散生（单生）秀珍菇

图2-6 秀珍菇初期白色子实体

四、秀珍菇生长发育条件

1.营养

秀珍菇是一种木腐菌。适合菌丝生长的碳源有可溶性淀粉、羧甲基纤维素钠、蔗糖，其中最适宜的碳源是可溶性淀粉，而乳糖和半乳糖不宜作为秀珍菇菌丝生长的碳源。栽培上通常以富含纤维素、木质素、半纤维素的阔叶树木屑、棉籽壳、玉米芯、甘蔗渣、桑枝、秸秆等为主要碳源，可加入少量蔗糖作辅料。适宜秀珍菇菌丝生长的氮源有酵母粉（膏）、蛋白胨、牛肉膏、硫酸铵、硝酸钠、麦麸等，最适宜的氮源是蛋白胨和酵母膏，尿素不利于菌丝生长。由于秀珍菇栽培是以采收小菇为目的，需分多潮次采收，培养基中需有充足的氮源。栽培中常以麦麸、米糠、玉米粉、花生饼等富含有机氮素的原料为氮源，根据原料营养组合情况，一般添加量为15%～25%，碳氮比以（20～30）：1为宜。培养基中还需要添加少量无机盐，如碳酸钙、过磷酸钙、磷酸二氢钾、硫酸镁等辅料。

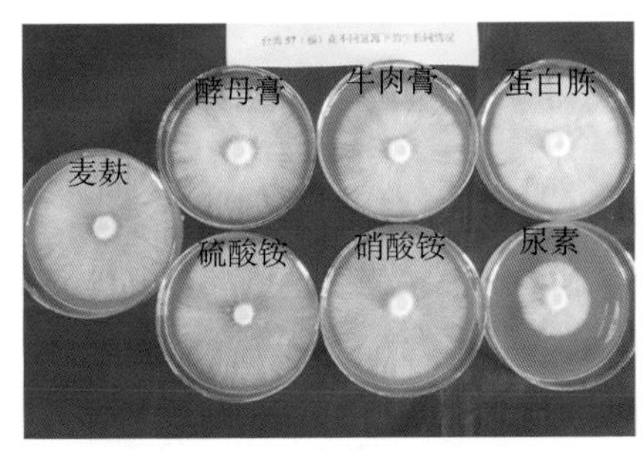

图2-7 秀珍菇菌丝在不同氮源中生长状态

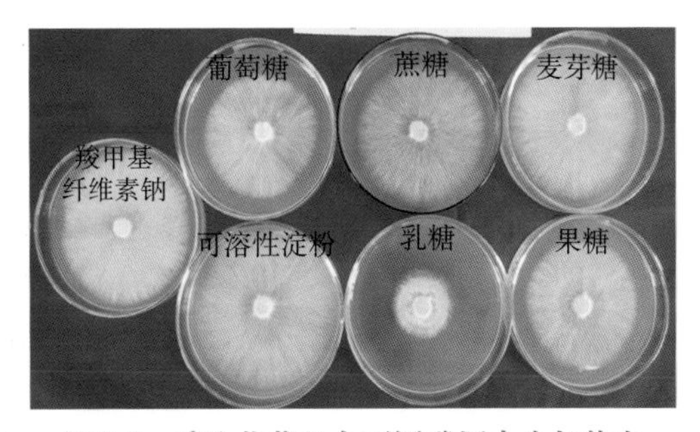

图2-8 秀珍菇菌丝在不同碳源中生长状态

2.温度

菌丝生长的温度范围为7 ～ 35℃，最适温度为27 ～ 28℃，27℃时菌丝生长速度最快，30℃以后菌丝生长速度明显下降，在35℃以上时菌丝会死亡。当温度低于20℃时，秀珍菇菌丝生长明显缓慢，低于5℃时菌丝停止生长，但不会死亡。生产中，菌温即为菌丝生长时菌包内部的温度，一般要比堆温或室温高3 ～ 4℃，因此，室温一般维持在24 ～ 25℃比较好。子实体生长的温度范围为10 ～ 33℃，子实体分化阶段，品种不同所需温差刺激程度不一样，顺季节栽培的品种，所需的温差为3 ～ 10℃，中低温品种最适出菇温度为15 ～ 20℃，高温品种适宜出菇温度23 ～ 28℃；反季节栽培的品种，出菇前需6 ～ 10℃低温刺激12 ～ 14h，最适宜的出菇温度为23 ～ 28℃。

3.水分与湿度

菌丝生长阶段培养室内空气相对湿度低于65%，培养基适宜含水量为60% ～ 65%，含水量过高容易造成氧气不足，影响菌丝生长。子实体生长阶段，栽培基质含水量以60% ～ 65%为宜，低于60%时，转潮慢，第二潮菇以后出菇量变少，且菌盖变薄，边缘易开裂。出菇阶段空气相对湿度宜在85% ～ 90%，低于80%菌盖边缘易开裂，低于70%时原基不易形成，严重时形成的子实体还会干枯死亡。空气相对湿度高于95%时容易感染杂菌，导致子实体变软腐烂。

4.光照

菌丝生长阶段不需要光照，强光对菌丝生长有抑制作用，但间歇性补充10 ～ 30lx的发光二极管（LED）蓝光能促进菌丝生长；子实体阶段对光较敏感，在无光条件下，子实体难以形成，子实体伸长期、成熟期光照太弱会使菇盖颜色变浅；但强烈的直射光线会危害子实体。因此，子实体生长阶段，适宜的光照强度为500 ～ 1 000lx。

5.空气

秀珍菇菌丝生长阶段对二氧化碳有一定的耐受力，因此菌丝体阶段需要的氧气不多。但子实体阶段则需要良好的通风条件，如果空气中二氧化碳浓度高于0.1%，极易形成菌盖小、菌柄长的畸形菇。

6.酸碱度（pH）

菌丝在pH 4 ～ 9均可以生长，但最适的pH为6 ～ 7。由于培养基灭菌后pH会下降，菌丝生长过程中分泌的有机酸也会使培养基的pH下降，栽培生产中，常加入1%～ 2%的石灰，将培养料的pH调试为7 ～ 8较适宜。

第三章

秀珍菇菌种制作技术工艺

一、菌种生产的基本设施设备

菌种生产所需场地包括，原料储备仓库、拌料和装袋车间、灭菌车间、冷却室、接种室、培养室等，其中冷却室、接种室和培养室应通风、洁净，可控温、控湿。菌种生产应具备的设备有高压灭菌锅、超净工作台（或接种箱）、空调、除湿机、培养架、恒温培养箱、冰箱、显微镜、磅秤、电子天平等。生产量大的菌种厂还需配备搅拌机、装瓶或装袋机。

1.高压灭菌设备

菌种生产一般要求具备高压蒸汽灭菌设备（图3-1）。高压蒸汽灭菌主要是通过加热，提高高压灭菌锅内的压力，使锅内蒸汽温度升高到121℃以上，以在短时间内杀死包括细菌的芽孢或休眠体等耐高温个体的一切微生物。高

卧式高压灭菌锅

手提式灭菌锅

图3-1 高压灭菌设备

压灭菌所需的压力和时间，根据不同培养基的种类而定。母种琼脂培养基需压力0.11MPa，温度121℃，灭菌30min。原种、栽培种等固体培养基，一般需压力0.15MPa，温度126℃，灭菌2 ～ 2.5h。

2.接种工具

常用的接种工具有接种环、接种钩、接种铲、接种刀、解剖刀、镊子等，如图3-2所示。

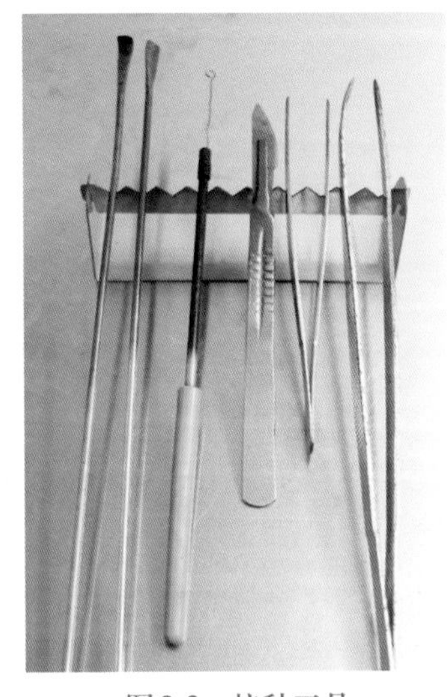

图3-2 接种工具

（1）接种钩

分离菌种及母种转管时，用接种钩挑取菌丝接种。

（2）接种环

接种环用于孢子分离法获取菌种。

（3）镊子

尖头镊子用于母种的分离，长柄镊子用于原种、栽培种、菌棒的接种。

（4）解剖刀

解剖刀用于母种的分离。

（5）接种铲

接种铲用于挑取子实体组织块接种或挑取带有母种菌丝的小块琼脂。

（6）接种刀

母种接原种时，用接种刀将母种斜面切成小块。

3.接种场地和设备

（1）接种室

参见第四章。

（2）接种箱

接种箱由木材和玻璃构成，有双人操作和单人操作两种类型，常用于接种原种、栽培种。接种箱结构简单，容易制造，成本低，消毒彻底，操作人员可避免吸入有毒气体，但容量小。箱顶内部安装紫外线灯和日光灯各1支（图3-3）。

（3）超净工作台

超净工作台是一种过滤去除空气中杂菌孢子和灰尘颗粒达到净化空气作用的装置，它能在局部营造高度洁净的工作环境，使操作区相对无菌。一般用于母种分离扩繁以及少量原种、栽培种的转接（图3-4）。

图3-3　简易接种箱

图3-4　超净工作台

接种室、接种箱要清洁干净、干爽，使用前应用新洁尔灭溶液、来苏尔等消毒液稀释后消毒（图3-5）。

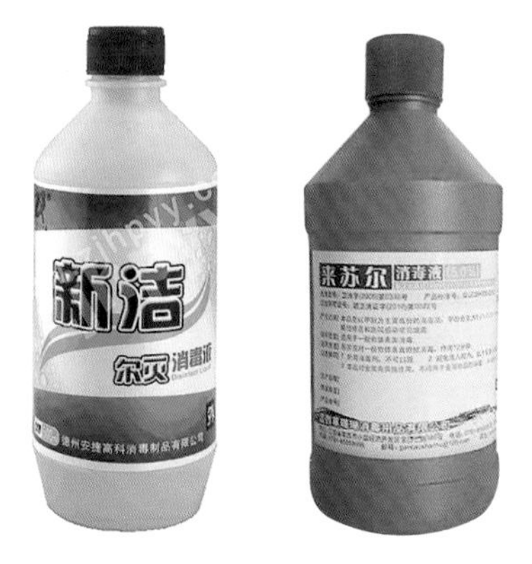

图3-5　新洁尔灭消毒液和来苏尔消毒液

接种之前，应打开接种室内的紫外线灯，照射30 ～ 40min消毒。关闭紫外线灯后，不要马上开启日光灯，如是白天作业，最好将灭菌场所遮光30min，以免发生光复活作用，降低灭菌效果。紫外线灯使用方便，对物品无损害，但对人体有害，特别是能引起电光性眼炎，要注意防护。接种箱和接种室还应经常使用气雾消毒剂熏蒸消毒。一般1m^{3}空间需用气雾消毒剂3g，关闭门窗后点燃熏蒸30 ～ 60min。

4.培养设备设施

（1）恒温培养箱

恒温培养箱主要用于培养秀珍菇母种和少量原种。常用的有电热恒温箱和生化培养箱（图3-6）两种类型。电热恒温箱采用自然对流式结构，冷空气从底部风孔进入，经过电热器加热后从两侧空间对流上升，并从内胆左右侧小孔进入室内，再由箱顶的封顶盖调节，使内部温度达到恒定。优点是价格低，使用寿命长；缺点是它适用于低温季节而不适用于高温季节。生化培养箱可以调节温度、空气相对湿度和气体，优点是恒温、降温效果好，一年四季都可以使用；缺点是价格高，使用寿命短。栽培户应根据自己的生产规模和用途选择合适的恒温培养箱。

（2）菌种培养室

菌种培养室用于原种、栽培种的培养，培养室的面积以20m²/间为宜，高度以2.5 ~ 3m为宜。培养室内设置多层培养架，一般层间距30 ~ 35cm，架与架间距为80cm。菌种培养室要求环境洁净、通风、干燥，配置空调设施（图3-7）。

图3-6　生化培养箱

图3-7　培养室

二、秀珍菇菌种分级

秀珍菇的菌种分为3个级别：一级种（母种）、二级种（原种）、三级种（栽培种）。

1.母种

母种常被称为琼脂试管母种、斜面母种。母种直接关系到原种和栽培种的质量，关系到秀珍菇的产量和品质。因此，必须是经过提纯、筛选、鉴定后表现良好的斜面菌种方可作为母种。母种可以扩繁，增加数量。

2.原种

把母种移接到菌种瓶内的棉籽壳、木屑、桑枝、麦麸等培养基上，菌丝体生长后的纯培养物称为原种，每支试管母种可移接4 ~ 6瓶原种。原种虽可以用来栽培秀珍菇，但因数量少，用于栽培成本高，必须再扩繁成栽培种（图3-8）。

图3-8 原种（左）和栽培种（右）

3.栽培种

栽培种又叫生产种（图3-8右）。即把原种接种到棉籽壳木屑培养基上，经过培养得到的菌丝体，即为生产秀珍菇的栽培菌种。栽培种的生产可以用玻璃菌种瓶，也可以用聚丙烯塑料折角袋。每瓶原种可生产栽培种50瓶（袋）左右。

三、母种培养基配制

1.常用配方

（1）马铃薯蔗糖琼脂（PSA）综合培养基

去皮马铃薯200g，蔗糖20g，琼脂20g，磷酸二氢钾1.0g，硫酸镁0.5g，蒸馏水1 000mL，pH6.5 ～ 7.5。

（2）PSA加富培养基

去皮马铃薯200g，蔗糖20g，蛋白胨2g，磷酸二氢钾1.0g，硫酸镁0.5g，琼脂20g，蒸馏水1 000mL，pH6.5 ～ 7.5。

（3）淀粉加富培养基

去皮马铃薯200g，可溶性淀粉20g，蛋白胨2g，磷酸二氢钾1.0g，硫酸镁0.5g，琼脂20g，蒸馏水1 000mL，pH6.5 ～ 7.5。

2.培养基配制

将马铃薯去皮后切成小方块，加入蒸馏水1 000mL，置锅内（小铝锅或不锈钢锅）煮沸20 ～ 30min，马铃薯熟而不烂，趁热用4层纱布过滤，获得马铃薯抽提液，添加琼脂后继续加热，边加热边搅拌直到琼脂完全溶化，加入蔗糖或淀粉等其他成分，调节pH至7.0，定容至1 000mL，充分搅拌均匀（图3-9）。

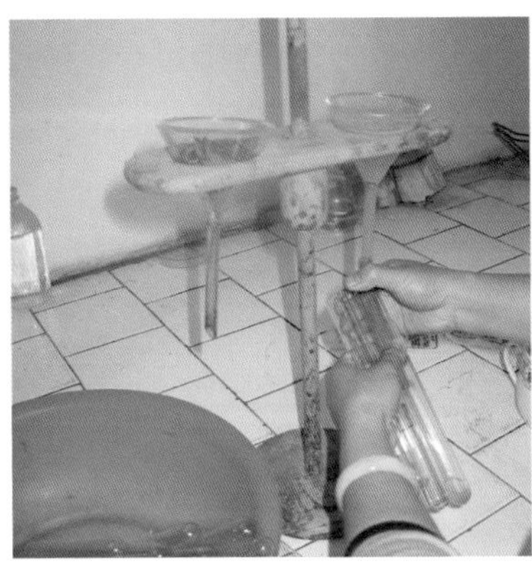

图3-9　母种培养基的配制、分装

3.培养基分装

将配制好的培养基分装至18mm × 180mm或（20 ～ 25）mm × 200mm的玻璃试管中，装量为每管8 ～ 10mL（试管的1/4 ～ 1/5）。试管口应保持干净，随后塞入棉塞或硅胶塞，并用牛皮纸包扎。棉塞要使用纯棉或化纤棉，不可使用脱脂棉。

4.培养基灭菌

将分装包扎好的试管直立放在高压蒸汽灭菌锅内，加热灭菌（图3-10）。

图3-10　母种培养基的灭菌

压力为0.05MPa时，打开排气阀，排尽锅内冷空气，待压力指针回到零点后，关闭排气阀。重复操作两次。当压力升到0.11MPa（温度为121℃）时，维持30min后停止加热，待指针回到零点后打开锅盖，取出试管，并趁热将试管倾斜摆放在桌上，试管口比试管底部高1 ～ 1.5cm，斜面长度为试管长度的2/3，斜面顶端距试管口≥5cm。

5.灭菌效果检查

将灭菌后的试管斜面培养基放置于28 ～ 30℃条件下1 ～ 2d，检查有没有细菌或霉菌的菌斑。无霉菌和细菌的斜面培养基为合格培养基(图3-11)。

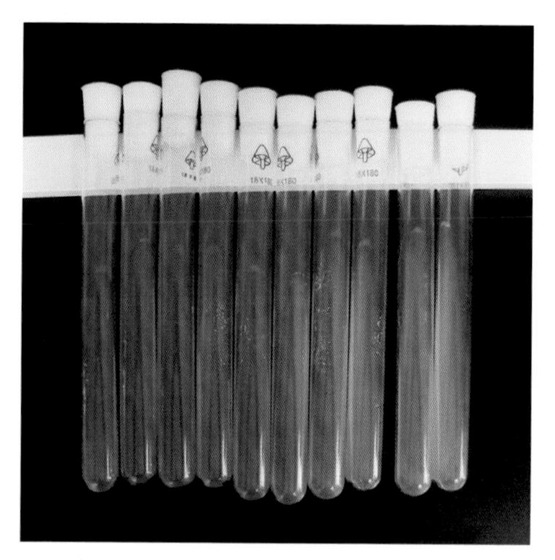

图3-11　制作好的母种斜面培养基

6.接种前消毒准备

将接种用具、培养基放到接种箱或超净工作台内。接种箱应用气雾消毒剂消毒，用量为3 ～ 5g/m^3，有紫外线灭菌灯的，同时开启照射30min。

四、种源的组织分离及纯化

1.种菇采集要求

在秀珍菇的第一潮或第二潮子实体中，选择出菇快、均匀整齐、产量高且菇形完整、无病斑、无虫口，品种特征明显，不含杂质的秀珍菇子实体(图3-12左)。

2.组织分离

用75%酒精对种菇进行表面消毒后，将种菇沿菌柄中心纵向掰成两半，用无菌解剖刀在菌盖与菌柄交界处中心部位切取大小为（4 ～ 6）mm×（4 ～ 6）mm的菌肉组织，置于培养基平板上，于25 ～ 28℃恒温培养(图3-12)。

图3-12　种菇（左）及分离部位（右）

3.菌种纯化和保存

组织块培养2～3d，长出白色丝状菌丝体，检查淘汰有细菌的菌落。4～5d后，选取菌丝健壮、洁白、均匀的菌落，用接种铲取菌丝前端，移接到PSA综合培养基试管斜面，于27℃培养7～8d，选取菌丝健壮、洁白、均匀的试管斜面作为母种保存（图3-13）。

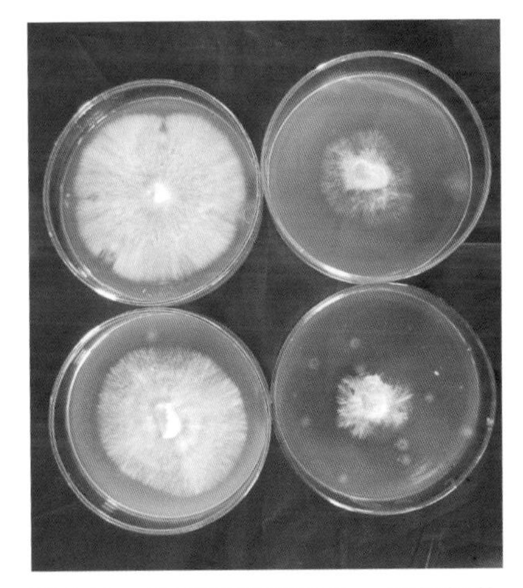

图3-13　分离获得的菌种，长势好的菌落（左），长势差的菌落（右）

4.出菇试验观测

培养分离所得的母种，栽培出菇试验重复3次，通过菌丝培养和出菇测试，各项性状优良稳定、活力优于或等于原始菌株的母种可供生产使用。

5.纯1代种保存

纯1代母种放入4℃左右的冰箱保存。若需保存6个月以上，则须采用液体石蜡或木屑培养基保存。母种保存前要贴标签标注品种，菌株名称，采集时间、地点，保存时间，保存代数、级别等信息。

五、母种复壮及扩繁

用液体石蜡或在低温条件下长期保存的母种，用于生产前要复壮。

1.母种复壮

从冰箱取出保存的母种于25℃放置0.5 ~ 1d后，在无菌条件下，用接种铲取大小为（4 ~ 6）mm×（4 ~ 6）mm的菌丝块接种到PSA加富培养基或淀粉加富培养基平板上，每皿接2个点，接2 ~ 3皿，平板放在27℃恒温培养箱中培养5 ~ 6d，观察接种点菌丝情况，挑出无杂菌，菌丝健壮、洁白、整齐的菌落作为母种扩繁。

2.母种扩繁

用接种铲切取健壮菌落前端菌丝块，移接到PSA综合培养基试管斜面。母种扩繁接种位置为培养基斜面中间处，且菌丝面朝上。接种后迅速塞上棉塞或硅胶塞，用牛皮纸包扎试管口，并贴上标签，标签标注品种、菌株名称、菌种繁殖代数、接种日期。标签粘贴位置为斜面正面距试管口8cm处。

3.培养及检查

将接种后的试管斜面放入培养箱中避光培养，在（27±1）℃下培养，2 ~ 3d后要检查1次母种，检查有无杂菌感染。查看时，应在光照充足的条件下，对着光逐个正面和反面全面检查，污染的试管及时拣出。菌丝长至斜面1/2 ~ 2/3时，及时拣出生长速度慢、长势差、色泽黄或灰暗异常等长势不好的试管。菌丝生长速度正常、色泽洁白、菌落饱满、生长整齐、健壮的母种斜面继续培养，一般培养7 ~ 8d，当菌丝长满斜面时结束培养，即可用于生产。

培养好的母种检验合格后，应尽快（常温保存7d内使用）投入生产制作原种。菌种扩繁移植传代次数不宜超过3次。

六、原种、栽培种生产技术

原种、栽培种应根据生产提前准备，栽培种应在生产菌棒前30 ~ 50d准备，原种在栽培种生产前30 ~ 40d准备。

1.培养基容器要求

盛装容器应选择耐高压（0.15MPa）、耐高温（126 ~ 130℃）的瓶子（图3-14）或聚丙烯塑料袋（图3-15）。瓶子体积宜500 ~ 750mL，瓶身透明无色或近无色，瓶口直径（内直径3 ~ 4cm）。塑料袋规格一般为（13 ~ 15）cm×28m×0.06cm。塑料颈圈、棉塞或无棉塑料盖要满足滤菌和透气要求（图3-16）。

图3-14　玻璃瓶（左）和耐高压塑料瓶（右）

图3-15　聚丙烯塑料袋

图3-16　无棉盖、塑料颈圈

2. 常用培养基配方及配制

（1）棉籽壳桑枝木屑培养基

棉籽壳40%～50%，桑枝、杂木屑30%～50%，麦麸15%～20%，石灰1%～2%，轻质碳酸钙0.5%～1%，含水量58%～62%，pH7.0 ~ 8.0。

（2）棉籽壳木屑培养基

棉籽壳49.9%，木屑30%，麦麸15%，玉米粉3%，石膏1%，蔗糖1%、磷酸二氢钾0.1%，pH7.0 ~ 8.0。

培养基的配制：按配方比例称取原料，杂木屑、棉籽壳、桑枝应于前一天预湿，拌料时加入麦麸、轻质碳酸钙、石灰、石膏等辅料，拌料要均匀，培养料含水量60%左右，以手紧握培养料，指间含水但不往下滴为宜。原料配制好后装瓶（袋），人工装袋一边装一边压，保证上下松紧度适宜；使用装袋机装袋，要调试好机器，松紧度要适宜。装料量以至瓶肩为度，将瓶口内壁和瓶子外壁擦干净后塞棉塞。栽培种培养基装至距袋口5 ~ 6cm，袋口不能沾有培养料，袋口套上塑料环，用棉塞或无棉盖封口。为了加快菌种生长速度，缩短制种时间，常在培养料中间插打孔棒(图3-17 ~图3-22)。

图3-17　测量培养料含水量

图3-18　用pH试纸测量酸碱度

图3-19　擦干净瓶口

图3-20　原种培养料瓶

图3-21　套颈圈及栽培种料袋

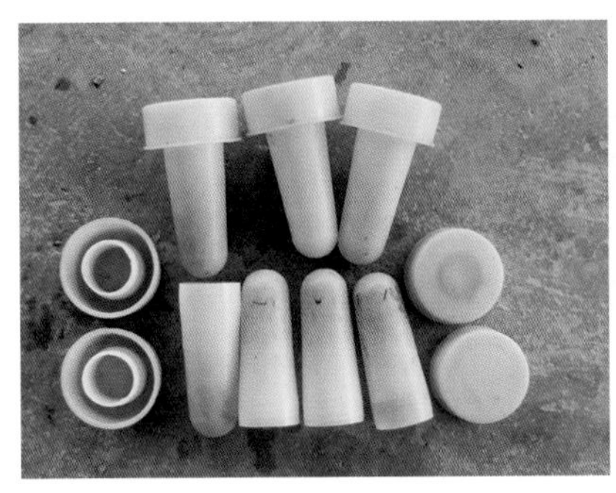

图3-22　插打孔棒的栽培种料袋

3.培养基灭菌

（1）灭菌要求

原种和栽培种培养基配好后，需在3h内高压灭菌，高压灭菌温度121 ~ 126℃，时间2 ~ 2.5h。使用灭菌框或灭菌层架，防止菌种瓶（袋）堆叠或挤压影响热蒸汽循环。

（2）灭菌操作方法

将装袋或装瓶后的原种及栽培种培养基分层放入高压蒸汽灭菌锅内密闭加热升温。当压力表指针升至0.05MPa时，打开排气阀，排放锅内空气，待压力表指针降至0时，关闭排气阀，继续加热升温。当压力表指针升至0.1MPa时，打开排气阀，排放锅内空气，待压力表指针降至0时，关闭排气阀，继续加热升温。当温度上升至126℃，压力0.14 ~ 0.15MPa时，开始计时，并在此温度和压力下维持2 ~ 2.5h。保压结束后，停止加热，当灭菌锅压力表指针降至0时排气。排气要求先慢排，后快排，最后微开锅盖让余热散出，再打开锅盖，取出培养基，移入冷却室冷却。

4.冷却接种

冷却接种前须对冷却室、接种室、接种箱进行清洁和消毒处理。接种室或接种箱须用紫外线和气雾消毒剂双重消毒。将培养基转移到洁净的接种室或接种箱中，把接种所需要的物品也一并放入，当瓶（袋）料温降至30℃以下时即可接种。

（1）接种人员要求

衣着干净，穿工作服，戴工作帽、口罩，工作前用75%酒精棉球消毒双手。

（2）接种操作要求

用无菌接种勺（镊子）先去掉母种前端或原种表面老菌种，再接种；接种量为1支母种接5 ～ 6瓶原种，750mL原种接45 ～ 55袋栽培种，菌种块要紧贴培养料（图3-23、图3-24）。

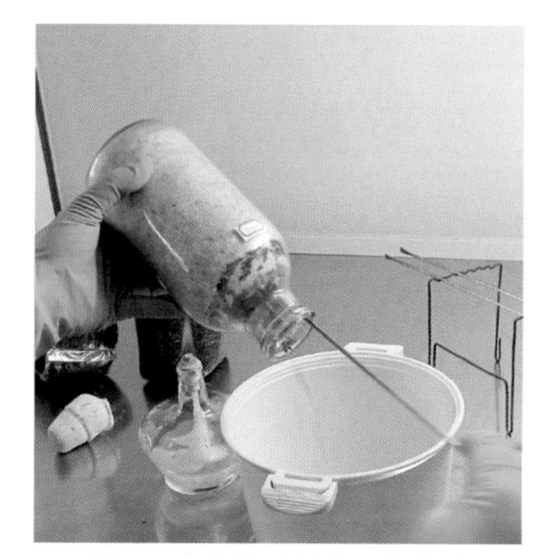
图3-23 去掉原种表面老菌种

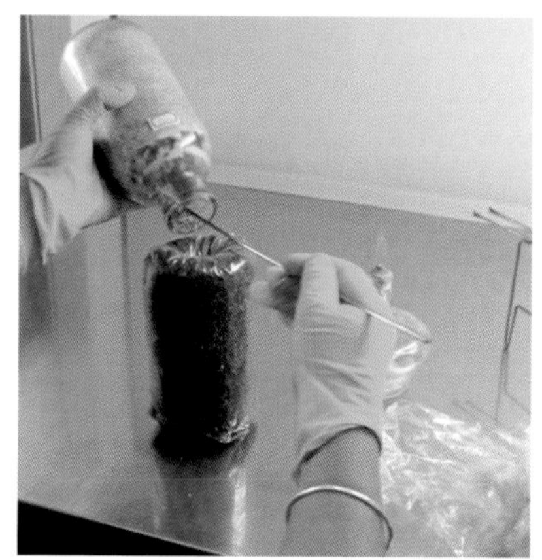
图3-24 将原种接入栽培种料袋

5.培养检查

接种后，原种、栽培种放置于无菌培养室培养。培养室应保持黑暗，温度稳定在25 ～ 27℃，空气相对湿度在60%以下。接种2 ～ 3d后，观察菌丝萌发情况，如果不萌发，及时查找原因。菌种培养期间至少要进行3次逐瓶（袋）检查，即接种后3 ～ 4d未封面前（图3-25左）、菌丝长至瓶（袋）身1/3 ～ 1/2处（图3-25右）、菌丝长瓶（袋）2/3或满袋前各检查1次，清除菌丝生长异常或污染菌种（图3-26）。

图3-25 第一次检查（菌丝未封面）（左）和第二次检查（菌丝长到1/3 ～ 1/2）（右）

图3-26　杂菌污染的菌种

6.菌种使用与存放

按照秀珍菇菌种质量要求进行检验。合格的菌种可投入生产或出售。菌种长满后10d内使用最好，未及时使用的菌种要放在4 ～ 6℃的低温条件避光保存。

七、秀珍菇菌种质量要求与检验

1.质量要求

（1）容器要求

瓶（袋）应完整、无损，棉塞、塑料盖应干燥、洁净、松紧适度，符合透气和滤菌要求，无霉点、霉斑。

（2）容积要求

母种培养基灌入量为试管总容积的1/5 ～ 1/4，顶端距棉塞40 ～ 50mm。原种、栽培种培养基上表面距瓶（袋）口45 ～ 55mm。

（3）菌种菌丝体外观

母种菌丝应长满斜面，原种、栽培种菌丝应长满瓶或袋；菌丝体洁白、色泽一致、菌落均匀，边缘整齐，菌丝健壮、浓密，无角变，无抑制拮抗线，无杂菌菌落；原种、栽培种培养物表面分泌物允许有少量无色或透明浅黄色水珠，不能有黄色或黄褐色水珠（图3-27 ～图3-33）。

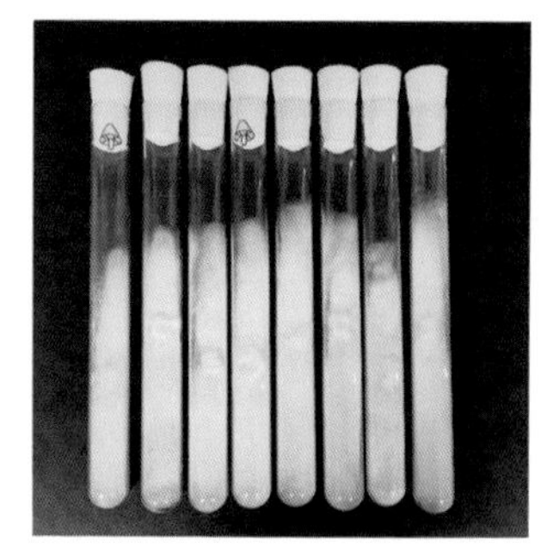

图3-27 优质母种

图3-28 优质原种

图3-29 优质栽培种

图3-30 不合格的栽培种（菌丝不整齐）

图3-31 合格栽培种（左）和不合格的栽培种（右）

图3-32 感染杂菌的菌种

图3-33 菌丝色泽不一致的菌种（右）

（4）培养基外观

合格的菌种培养基不干缩，无积水，颜色均匀，无暗斑，无色素，原种、栽培种允许有少量原基，原基总量不超过5%。图3-34 ～图3-36的几种情况都为不合格的菌种。

图3-34 老化菌种

图3-35 吐黄水严重的菌种

图3-36 有斑块的菌种

（5）气味

有秀珍菇菌种特有的清香味，无酸、臭、霉等异味。

（6）菌丝生长速度

25 ~ 28℃下培养，母种需要6 ~ 8d长满斜面，原种、栽培种需要25 ~ 30d长满瓶或袋。

秀珍菇母种、原种和栽培种的质量要求见表3-1 ~表3-3。

表3-1 母种质量要求

项目	要求
容器	完整无损
棉塞或无棉塑料盖	干燥、洁净、松紧适度
培养基灌入量	试管总容积的1/5 ~ 1/4
斜面长度	顶端距棉塞 40 ~ 50mm

（续）

项目	要求
接种块大小（接种量）	（3～5）mm×（3～5）mm
菌丝特征	菌丝洁白、浓密、健壮、长满斜面
菌落特征	菌落均匀、边缘整齐、无角变、无分泌物、无杂菌
斜面背面外观	培养基不干缩，无积水、颜色均匀、无暗斑、无色素
气味	有秀珍菇菌种特有的清香味，无酸、臭、霉等异味

表3-2 原种质量要求

项目	要求
容器	完整无损
棉塞或无棉塑料盖	干燥、洁净、无杂菌、松紧适度
培养基上表面距瓶（袋）口的距离	（50±5）mm
接种块大小	（15～20）mm×（15～20）mm
菌丝体特征	洁白浓密、健壮、长满容器
培养物表面特征	生长均匀、无角变、无高温抑制线、无拮抗现象、无杂菌斑、无子实体原基，允许有少量无色或浅黄色水珠
培养基特征	紧贴瓶壁、无干缩
气味	有秀珍菇菌种特有的清香味，无酸、臭、霉等异味

表3-3 栽培种感官要求

项目	要求
容器	完整无损
棉塞或无棉塑料盖	干燥、洁净、松紧适度
培养基上表面距瓶（袋）口的距离	（50±5）mm
接种量	每袋（瓶）10～15g
菌丝体特征	洁白浓密、健壮、饱满、长满容器
培养物表面特征	生长均匀、色泽一致、无角变、无高温抑制线、无拮抗现象、无杂菌斑、允许少量子实体原基，允许有少量无色水珠
培养基特征	紧贴瓶（袋）壁，无干缩
气味	有秀珍菇菌种特有的清香味，无酸、臭、霉等异味

2.杂菌及害虫的检验及判定

（1）杂菌检验及判定

①感官检测：用放大镜在光线明亮的地方，观察各级菌种培养物表面有无光滑、湿润的黏稠物；在棉塞、胶塞、瓶颈、菌种接口处或培养基面上有无与正常菌丝颜色不同的霉菌斑点；打开菌种瓶、袋或胶（棉）塞，鼻嗅是否有酸臭等异味。若出现上述3种情况之一，判定有杂菌污染。

②镜检：在培养物异样部位取少量菌丝体制片，于显微镜下观察，若有形态差异的菌丝或孢子存在，判定为杂菌污染。

③细菌培养检测：无菌条件下，取培养物上、中、下3个部位黄豆粒大小的菌种，接入装有15 ～ 20mL肉汤培养基的三角瓶中，每个部位取样做3个重复。同时，取3个三角瓶装未接种的肉汤培养基作空白对照，在28 ～ 30℃条件下振荡培养1 ～ 2d，观察培养液是否混浊。培养液混浊，则判定有细菌污染；培养液澄清，为无细菌污染。

④霉菌培养检测：无菌条件下，取培养物上、中、下3个部位黄豆粒大小的菌种，接种到PDA平板上，每个部位取样做3个重复，设未接种的PDA平板为空白对照，3个接种正常菌丝的PDA平板为阴性对照。接种后的平板用封口胶封口，防止外物进入。在28 ～ 30℃条件下培养3 ～ 5d，观察菌丝颜色、菌丝长速、菌落特征、有无孢子产生等。与阴性对照相比较，若菌落形态一致，则判定无霉菌污染；若有其他形态菌落，则判定有霉菌污染。

（2）害虫检验及判定

从待检菌种的不同部位取少量培养物，放于白色干净盘上，均匀铺开，用放大镜或解剖镜观察是否有害虫的卵、幼虫、蛹或成虫。

八、枝条菌种的制作

枝条菌种是指用竹签、木条、雪糕棒等制作的食用菌菌种，通常用来制作三级种，也叫竹签菌种、小棒菌种。

1.枝条菌种的优缺点

（1）优点

①菌丝生长到枝条内部，菌种不易老化、保质期长。

②接种方便、快捷，省事、省力、省心。

③枝条可以深入培养基内部，菌种萌发较快，发菌快。

④接种快，减少培养基暴露的时间，降低杂菌污染率。

（2）缺点

①对制作技术要求相对较高。

②对灭菌要求较高，最好采用高压灭菌的方式。

③要求人工操作，效率低，劳动力成本较高。

2. 枝条材料的选择与加工

枝条：泡桐树、梧桐、杨木、板栗木、桑木、枫木、柳木等能够栽培食用菌的木材，都可用于制作枝条菌种。既可用厂家生产的不同规格的食用菌专用枝条加工，也可用雪糕棒制作。枝条一般长12 ～ 15cm，宽0.5 ～ 0.7cm，厚0.5 ～ 0.7cm，要根据栽培袋的大小选择枝条的规格（图3-37）。

3. 菌种的制作工艺

（1）浸泡枝条

①营养液配置：水100kg，蔗糖2kg，菇丰素0.6kg，磷酸二氢钾0.4kg。将糖、菇丰素、磷酸二氢钾放在盆或水池中，用洁净的水完全溶解。

②枝条浸泡：将枝条整捆放入营养液中浸泡24 ～ 48h（图3-38），木条比较轻，容易上浮，可以用石头等重物压住。浸泡时间根据枝条的规格、气温调整，目的是要泡透枝条，种木的含水量为60%左右。将枝条敲碎或折断，观察是否有白心，如果有白心说明没有泡透，应继续浸泡。

图3-37　加工好的枝条

图3-38　营养液浸泡枝条

（2）辅料准备

木屑50%，麦麸47%，石膏1%，石灰1%，蔗糖1%，含水量60%～ 65%，木屑需要提前预湿。

（3）装袋

枝条菌种一般使用宽15 ～ 17cm、厚0.06cm、长（28 ～ 30）cm（依枝条长度而定）的耐高温聚丙烯透明塑料袋或广口玻璃瓶盛装。将浸泡好的枝条从盆中捞起和配置好的辅料混合，保证每支枝条表面都沾上辅料（图3-39左）。塑料袋底部先装入少量辅料，然后装入枝条，每袋可装枝条150 ～ 200支，在枝条表面覆盖少量辅料，当塑料袋装满时，套颈圈并用无棉盖封口（图3-39右）。用高压锅灭菌，灭菌要求：126℃维持2.5 ～ 3.5h，时间依据容量多少而定。

图3-39　枝条与辅料混合（左），枝条种料袋（右）

（4）接种培养

枝条菌种的接种方法和培养条件与常规方法一致。当菌丝全部长满菌袋，再培养7 ～ 10d（利于菌丝深入生长至枝条内部），即可使用（图3-40）。

图3-40　接种后4 ～ 5d（左）、菌丝生长15d（中）和长满菌丝的枝条种（右）

九、菌种保藏

优良的菌种必须很好地保藏，才有利于今后的利用，首先要确保菌种在经过较长时间的保藏后仍能保持原生活能力，不至于遗失种源；其次要让菌种保持原有的优良生产性能，其形态特征和生理性状尽可能不发生变异或少变异；最后要保持菌种纯正，不被杂菌污染或发生虫害。

菌种保藏的原理：通过降低基质含水量、降低培养基营养成分、利用低温或降低氧分压的方法抑制菌丝的呼吸和生长，抑制其新陈代谢，使其处于半休眠状态或全休眠状态，以延缓菌种衰老速度，降低发生变异的概率，从而使菌种保持良好的遗传特性和生理状态。

菌种保藏方法有很多，下面介绍几种常见的方法。

1.斜面低温保藏

斜面低温保藏是最常用、最简便的低温保藏方法。该方法简单易行，不需特殊设备。将菌种在适宜的斜面培养基（一般用PDA）上培养成熟后，选择菌丝生长健壮、优良的试管菌种保藏。一般保藏温度为4 ～ 6℃，菌种可保藏3 ～ 6个月。此法保藏虽然方便，但是保藏时间短，需经常转管，容易发生衰退变异现象。另外，为了减少保藏期间培养基水分蒸发，培养基的琼脂含量最好为2.5%。为防止菌种保藏过程中积累有机酸，培养基中还应加入0.2%的磷酸氢二钾、磷酸二氢钾等缓冲盐。在菌丝培养成熟后，最好用薄膜密封胶塞，以减少氧气及培养基水分的散失，延长保藏时间。

2. 斜面菌种液状石蜡油保藏

石蜡油保藏是将灭菌后除去水分的液状石蜡油灌入母种试管中，使菌体与空气隔绝，以降低其生命活动水平，并阻止水分散失的保藏方法。用石蜡油保藏的菌种，油层下含氧量低，菌丝呼吸强度低，培养基营养消耗慢，菌种不易老化、退化，可保藏较长时间。

方法与步骤：选用化学纯的液状石蜡油，装入三角瓶中，于121℃下灭菌30min；灭菌后将液状石蜡油置于40℃烘箱中，使灭菌时渗入的水分蒸发，直至石蜡油无水透明；取出，冷却至室温即可使用。在无菌条件下，将石蜡油注入长满菌丝的斜面上，使液面高出斜面尖端1cm左右。将注入石蜡油的菌种直立放置于常温或低温冰箱保藏。

3.基质培养基保藏

基质培养基保藏是用原种、生产种的培养基保藏菌种。基质培养基中有丰富的迟效性养分，菌丝缓慢分解和利用培养基中的养分。培养基配方与正常原种相同，但培养料应稍紧实。培养料的含水量应比生产用培养料含水量低2%左右。培养基较紧实，含水量较低，可降低菌丝生长速率，降低培养基中空气含量、降低呼吸强度，从而延缓衰老。

4.液氮保藏

液氮保藏，亦称超低温保藏法。主要利用微生物在低于－130℃的低温下新陈代谢趋于停止的原理，在液氮中（－196℃的超低温）有效地进行菌种保藏的方法。此法操作简便、高效，保藏期一般在15年以上，是目前公认的菌种长期保藏技术之一，并且适用于各类微生物菌种的保藏。但是，采用液氮保藏，需购置超低温液氮设备，且液氮消耗量大，费用高。液氮低温保藏的保护剂一般选择10%～20%的甘油溶液。常用于PDA培养基或麦粒培养的菌种。保藏容器可用冻存管或安瓿管。保种程序：①培养菌种；②在菌种中加入保护剂；③预冷；④放入液氮罐。

第四章

秀珍菇栽培主要设施设备

一、栽培场地要求及选择

场地选择

秀珍菇栽培场地的环境，应符合农业行业标准《无公害食品：食用菌产地环境条件》（NY 5358—2007）的要求。场地主要包括栽培原料场地、菌包制作车间、灭菌车间、冷却接种车间、菇棚、保鲜冷库等区域，要求各区域距离相近，布局合理。栽培场地须注意以下几点。

（1）远离污染区

要选择远离居民区，远离扬尘和有害生物滋生场所，如水泥厂、垃圾场、各类养殖场，同时密切注意周围农田喷施农药情况，防止农药随风飘入菇棚，危害秀珍菇生长发育和产品质量安全。

（2）交通便利

通往栽培场所的道路要满足原料及鲜菇运输要求。

（3）用电方便

电源要满足菇场日常用电要求，主要有菇场生活用电及冷库和反季节栽培用电，常需要安装专用变压器。

（4）给、排水方便

要有生活饮用水源，保证水质清洁，满足制作菌包和出菇喷水需求。场地周边排水良好，不低洼，雨季不积水。

（5）方位合理

秀珍菇好氧，对通风要求较高，在向阳、通风良好、干燥、洁净、卫生的位置建造菇棚。

二、生产主要设备

1. 拌料设备

（1）自走式拌料机

此拌料机需先将原料全部均匀平摊到水泥硬化地板上，配好水分，再来回推动拌两次即可完成拌料（图4-1）。

（2）滚筒拌料机

此拌料机每次拌料量较小，主要用于菌种制作时拌料（图4-2）。

图4-1 自走式拌料机

图4-2 滚筒拌料机

（3）过筛输送搅拌机

此拌料机一般不独立存在，而是作为装袋机组的一部分，每次按比例投料（图4-3）。

图4-3 过筛输送搅拌机

2. 装袋设备

（1）单筒装袋机

此类装袋机适用于低成本、规模小的基地装袋使用，配有多种规格的套筒。培养料通过搅拌机搅拌过筛后，操作人员将装袋机对准出料筒口，套入塑料袋，料冲压入袋，中间自动打1个接种穴口，一般采用1.5kW的电机，生产能力为1 500 ～ 2 000袋/h，价格便宜，经济实用（图4-4）。

图4-4 单筒装袋机

（2）冲压式装袋机组

这套机组包括培养料振动过筛—输送—冲压装袋，流水线生产，一般需要5 ~ 7人同时操作，其中上料1人，套袋1 ~ 2人，套环2 ~ 3人，搬运菌包进灭菌柜1人。适用于具有一定规模的生产基地，冲压装袋机装料比较均匀，冲压紧密，速度快，装料高度可调整，料面平整，并在中部自动打孔，有利于接种和菌丝吃料，缩短发菌周期。冲压式装袋机是目前秀珍菇生产中最常用的装袋机，有单冲和双冲结构（图4-5）。

（3）自动化生产线

此类生产线自动化程度高，自动套环、盖并传输装框，仅需用铲车把配备好的原料放入搅拌机，即可自动拌料—过筛—原料传输—冲压装袋—自动套环—菌包传输—装框，再人工搬进消毒柜，制包过程只需2 ~ 3人负责操作，每天可生产2万袋，效率高，但是成本高，适用于大型基地使用（图4-6）。

图4-5 冲压式装袋机组

图4-6 自动化生产线

3.灭菌设备

菌包灭菌是秀珍菇栽培必需的生产环节，培养料装袋后，要尽快灭菌处理。一般要求在做好菌包后4h内灭菌，避免培养料装袋后继续发酵变酸。灭菌设施主要分为常压灭菌和高压灭菌两种。

（1）大型高压蒸汽灭菌锅

此设备属高压密闭容器，均由专业厂家统一生产提供，需专业人员操作（图4-7）。市场现有规格有立式（大、中、小型）和卧式（大、中、小型）。这些设备由于价格较高，燃料要求也较严格；也有用电制热的，但不一定适用于一般专业户，常用于大型生产基地。

图4-7　大型高压灭菌锅

（2）常压灭菌设备

①简易常压灭菌蒸汽包：蒸汽包是由塑料薄膜、帆布和蒸汽锅组成。蒸汽由常压蒸汽炉（锅）产生。在蒸汽炉旁边，选一块平地（最好是水泥地板），作为灭菌场地。在地面铺垫塑料薄膜并根据灭菌场地大小在上面均匀放置2～3根蒸汽管道，然后在地上码放砖头，呈“品”字形。菌包用周转筐装好，放在砖头上，筐与筐、垛与垛之间要留间隙。装菌包的料筐堆叠好后，用厚实的双层塑料薄膜覆盖，外面再盖一层帆布。薄膜和帆布盖好后，用沙袋压紧薄膜和帆布底部，蒸汽包外面用数条绳子捆紧。打开常压蒸汽锅放气阀，通过蒸汽管道输入高温蒸汽灭菌。常压蒸汽包灭菌可以根据菌包数量的多少，调整蒸汽包的大小，灵活方便，实用性强（图4-8、图4-9）。

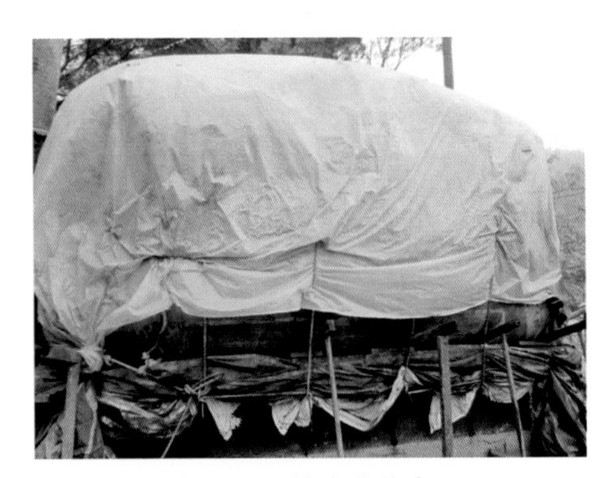
图4-8　灶上蒸汽包

图4-9　地面蒸汽包

也可利用农村土灶制作简易蒸汽包，在灶上放置铁锅，锅内置清水，锅上铺设木板，将需要消毒的菌包摆放在木板或铁架上，叠放好后用薄膜和帆布包好密封，形成蒸汽包，铁锅烧水产生的高温蒸汽进入蒸汽包灭菌。

②节能高效灭菌锅：灭菌锅包括加热部分及灭菌部分（图4-10）。加热部分可根据当地燃料条件（煤或生物质颗粒等），砌成不同形式的燃料室。上面放一口大铁缸用于烧水，在铁锅上方，砌一方形钢铁立柜，柜顶应呈一定弓形，以利蒸气凝水淌向两边再回流到燃烧锅内，减少菌包口潮湿的现象。一侧开门，地上铺轨道。灭菌时，将菌包装入周转筐，再摆放在铁架上，最后将铁架沿轨道移进锅内。柜顶或门的上方应开孔安放一支温度计，以便观察温度。铁锅稍上方，应开一小孔通入一水管，以便必要时在灭菌中途补水。采用此法灭菌上温快，效果好，温度一般在100℃左右，灭菌时间8 ～ 10h。

③钢板灭菌柜：主要由蒸汽锅炉、钢板柜、轨道、铁架组成（图4-11）。蒸汽锅炉采用1t锅炉燃烧送蒸汽；钢板柜体用6mm钢板焊制，长7 ～ 8m，宽3m，四周高2.2m，中间顶高2.6m，底部中间铺设1 ～ 2条用于通蒸汽的钢管，钢管上每隔30cm打1个通气孔，气口朝上；纵向开2个宽3m，高2.2m的对开门，用于菌包进出；每个灭菌柜配备27个铁架，其中9个灭菌用，9个冷却用，9个接种用，四周用角铁支撑，中间置物用扁铁焊接，每个铁架6层，可摆放周转筐60框，整柜一次灭菌6 500袋，预留一定空间用于棉花灭菌。地上铺设轨道，从装袋机附近开始铺设，经过灭菌柜、冷却室、接种室，铁架在轨道上运行，可大大减少搬运量。灭菌时间从灭菌柜内排水口温度计温度达到100℃开始计算，保持12h可有效杀灭菌包内的杂菌。

图4-10 节能高效灭菌锅

图4-11 钢板灭菌柜

4.制冷设备

（1）移动式制冷机

移动式制冷机可以根据出菇栽培量配制不同大小的制冷机组。小型打冷机一般3 ～ 5匹*，每次打冷1 000袋，体型小，移动灵活，适用于小规模菇农。一般15匹的移动打冷机，每次打冷约6 000袋，20匹能打冷9 000袋。制冷机组和风机组的配置一般要求为1匹的冷机配置10倍排风量的风机，如：打冷机主机为15匹，那么风机的排风量应为15×10=150（m^3/min）。主机制冷功率大，风机排风量小，容易造成主机、风机结冰，一方面容易造成机器坏损，另一方面排风受阻，影响制冷效果。主机制冷功率小，风机排风量大时，制冷效果差，达不到制冷温度，影响出菇（图4-12、图4-13）。

图4-12　移动打冷机组

图4-13　冷却水塔

（2）冷库

冷库可用于打冷出菇，也可以用于预冷和包装保鲜。一般一个冷库占地面积以约30m^2为宜，冷库板10cm，压缩机5 ～ 10匹，冷库数可根据鲜菇数量或出菇打冷菌棒数量决定（图4-14）。

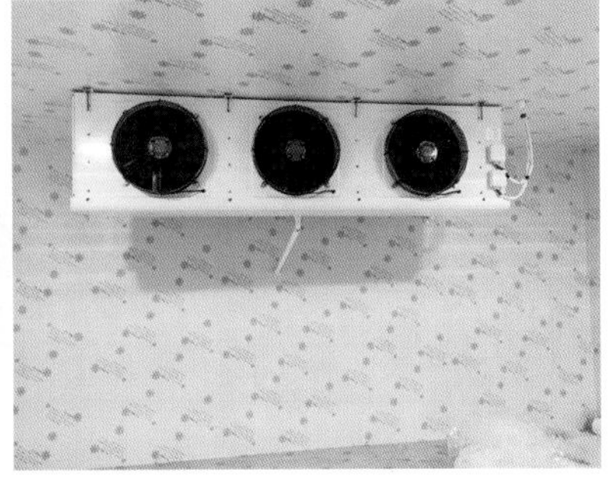
图4-14　冷库（左），制冷风机（右）

* 匹即马力为非法定计量单位。1匹≈0.735kW。匹不指制冷量，而是输入功率，1匹制冷量约为2.3kW。——编者注

三、菇棚类型及搭建

秀珍菇栽培中，菌丝培养与出菇管理在同一场所进行，考虑太阳辐射热量和风向，一般搭建菇棚以坐北朝南为宜。秀珍菇菇棚的大小，应根据生产规模和所选定场地实际情况确定。

1.“八”字形双层菇棚

菇棚顶部材料由彩钢夹心隔热板搭建，四周可用竹木或圆管立柱支撑，圆管立柱规格不少于114mm×2.5mm；棚长80m，宽14m，东西走向，可根据实际情况调整长度；地面自中线顺南北方向向两边倾斜，坡度1°左右，利于排水；棚内沿南北方向分左右两部分，两侧为栽培架，形成“非”字形布局，中间留2.5m宽通道，通道最好是水泥地面，可供三轮摩托车和钢板车通行；棚顶南北向呈“八”字形，边高3.5m，近通道处高4m，棚顶上八字口处开口距离2m，其上40cm处搭盖开口直径3m的“人”字形棚；棚内层再搭建边高2.5m、中高2.7m的室内拱棚，栽培架设在其内，上部两侧覆盖黑白保温薄膜，中间通道处薄膜设置为可开关式，供通风及打冷时保温。根据菌包打冷规模，可每隔6排培养架设置由聚乙烯（PE）薄膜隔离形成的相对独立的小区；栽培架之间间隔0.8m，底层支撑杆距地面10cm，向上60cm处设固定支撑横杆，否则菌包堆叠太高易倒塌；栽培架也可用食用菌栽培网格架代替。棚四周在外层覆盖遮光率90%的遮阳网，内层覆盖黑白保温薄膜，均设置为可向上掀开式；所有透气孔和门窗必须安装60目的防虫网；棚顶安装喷水设施，以便降温。每座菇房容量6万～10万袋，太大棚内环境不易控制，管理不便，太小则不够经济实惠（图4-15、图4-16）。

图4-15 菇棚钢架结构

图4-16 菇棚内景

2. 拱形棚

拱形棚结构较简单，一般长30m，东西走向，每间隔1.5m铺设一条拱形钢，棚宽跨度8m。顶部覆盖PE薄膜，其厚度应大于0.13mm，以确保隔热效果。内部菌包可墙立式摆放，与棚长方向垂直，每排间隔0.8m，中间通道1.5 ～ 2m（图4-17）。

3. 温控菇棚

温控菇棚四周材料可选用冷库板或玻璃棉，菇棚可设置成拱形棚，也可以设置成方形棚，其核心是每个菇棚配备一台食用菌专用空调，空调调控温度范围为6 ～ 30℃，菇棚顶部加装通气管道与加湿管道，用于调控氧气和湿度（图4-18）。内部菇架可选用食用菌栽培网格，也可安装平行式菇架。棚内配备高度智能化的控制设备，该设备能够依据食用菌的生长规律自动控制菇房内的温度、湿度、二氧化碳含量，为秀珍菇的生长创造出最佳的生长环境，且密封性较好，所以栽培效果好，病虫害少，大大提高了秀珍菇的产量和质量，节省大量的劳动力，但建设成本相对较高。温控菇棚是秀珍菇工厂化生产的发展趋势。

图4-17　拱形菇棚

图4-18　温控菇棚内景

4. 常规简易菇棚

顺季节小规模栽培秀珍菇，可以选择阴凉、干燥、通风的空闲房及山洞、废弃人防工事等场所，或在室外林地、果园及其他空地搭建遮荫棚（图4-19、图4-20）。

图4-19 空闲仓库

图4-20 室外荫棚

四、冷却室

冷却室一般建在灭菌室和接种室之间，用于快速降温灭菌后的菌棒，以达到能接种的温度。如果采用自然降温，一般48h后才能接种，生产周期过长，影响菌棒生产进度，且容易污染。采取一定的冷却措施，能够快速降温（图4-21）。

图4-21 冷却室及缓冲间

1.简易冷却室

用透明薄膜搭建一个比灭菌柜更大更长的长方体冷却室，两头开口。将灭菌后的菌包通过铁架车移进冷却室，铁架之间间隔50cm左右摆放，打开冷却室两端风机吹即可。

2.制冷冷却室

制冷冷却室主要包括冷却房和空调冷却机组，冷却房材料可用钢板或冷库板，冷却室大小要与灭菌柜相匹配，空调冷却机组设在冷却房的外侧或顶部，冷却房的顶部均匀分布有多个冷风进风口，空调冷却机组的出风口通过管路与各进风口连通。需要5 ~ 8匹的空调制冷机，一般开机6 ~ 8h料温即可降到28℃以下。

五、接种室

1.接种室

接种室又叫无菌室，是大批量生产栽培种或菌棒的接种场所。标准化接种室分内、外两间，体积不宜过大，可根据日生产量来确定接种室的大小。室内安放工作台，工作台上配备常用接种工具和药品。接种室内上方安装紫外灯及日光灯各1支。紫外线杀菌消毒灯跟屋顶的距离不能大于1.5m，离地面的距离不能大于2.5m。紫外线对物体的穿透力差，不能透过不透明的物体，仅对空气和物体表面有杀菌作用。其杀菌效果与紫外灯的功率及距离有关。一般30W的灯管，消毒有效区为1.5 ~ 2m，以1.2m以内为好。

2.净化接种室

工厂化规模生产，一般都设置净化接种间。采用高效空气过滤器，流水线接种。净化接种室的主要配置有中、高效过滤器，高速送风口，风淋室，超级净化层流罩，传递窗，净化工作台，组合式空调机组等净化设备。接种室面积以6m^{2}左右为宜，长3m、宽2m、高2m。要求封闭性好，墙壁、地面要平整光滑。室外要有一间缓冲室，供工作人员换衣服、鞋帽，以及洗手等准备工作用，并可防止外界空气直接进入。无菌室和缓冲室的门不要设在同一直线上，而且要安装推拉式门。无菌室和缓冲室要安装30W的紫外线灯和日光灯各1支。接种前开紫外灯30 ~ 40min，接种时紫外线灯要关闭，以免伤害人体和菌种。净化接种室净化效果良好，但一次性投入大。

3.塑膜接种帐

在野外塑料大棚和日光温室内，用4m宽的PE塑料薄膜围罩成接种帐，四周衔接处用胶纸密封，帐内面积5 ~ 6m^2，地面清理平整、铺上细沙、盖上地膜，形成隔离状态。接种帐的优点是成本低，灵活方便，还有较好的防霉菌效果（图4-22）。

图4-22　接种帐

4.简易接种棚

接种棚长15 ～ 18m、宽3m、高3m，四周、棚顶及门均采用光滑的三合板搭设，方便清扫卫生，不易染杂菌；地面用水泥硬化并铺设轨道，表面尽量光滑，能承重又不易染杂菌（图4-23）。

图4-23　简易接种棚

第五章

秀珍菇栽培技术

一、品种选择及栽培季节安排

秀珍菇分为常规秀珍菇和反季节秀珍菇两类，它们出菇时对温差的要求不同，栽培管理方法差异较大。生产中如不了解秀珍菇出菇所需要的温差特性，采取不恰当的栽培管理方法，会造成出菇差或不出菇、产量低等问题。因此，栽培秀珍菇时应根据不同的品种选择不同的栽培方式和栽培季节。

1.常规秀珍菇栽培季节安排

常规秀珍菇品种的菌丝生长成熟周期短，一般接种后培养25 ~ 35d可以出菇。在广西，中低温品种以9月下旬至11月制棒，11月至翌年3月出菇为宜；高温品种以2—3月制棒，3—6月出菇为宜。栽培时，同一批菌棒一般出菇不整齐，转潮不明显。

2.反季节秀珍菇生产季节安排

反季节秀珍菇菌丝生理成熟后需要15℃以上的温差刺激才能整齐出菇，如果没有较大的温差刺激无法出菇，因此栽培这类品种需要配备制冷设施。利用制冷设施进行低温刺激处理，可以反季节栽培或周年化栽培出菇，而且出菇整齐、潮次明显，方便出菇管理，集约化栽培程度高。目前，用于大规模栽培的秀珍菇品种主要是这类品种。常规菇棚出菇的种植户，一般制棒时间为12月至翌年2月，出菇时间为4—9月；有温控条件的企业，可以周年生产菌棒，出菇安排在3—10月较好。

二、栽培原料选择与处理

秀珍菇栽培的原料，主要以含木质素和纤维素的农林业下脚料，如杂木屑、棉籽壳、玉米芯、甘蔗渣等秸秆、籽壳为主料；辅助原料主要有麦麸、玉米粉、米糠、石灰、石膏、碳酸氢钙、磷酸二氢钾、硫酸镁等。

（1）木屑

木屑是栽培秀珍菇最常用的材料，主要成分是粗纤维和碳水化合物，是给菌丝提供碳源的物质。其营养成分、水分、单宁、生物碱含量的比例及木材的吸水性、通气性、导热性、质地、纹理等物理状态适于秀珍菇菌丝生长。适合用于秀珍菇培养料的常绿阔叶树木种类有杨木、板栗木、枫树木、柳木、桦木、椴木等，果树修剪下的枝条，如龙眼树、荔枝、苹果等，以及蚕桑产区每年剪伐下的桑树枝条等。上述树木的枝干经粉碎均可利用，其中硬杂木类的木屑最好，产量较高。通常木屑分为粗粒和中细粉两种，粗粒通常直径1cm左右，厚0.2 ～ 0.4cm，中细粉是直径小于0.3cm的细小颗粒。木屑颗粒的大小直接影响菌包的质量（图5-1 ～图5-4）。

图5-1　杂木屑粉碎

图5-2　成品杂木屑

图5-3　桑　枝

图5-4　芒果枝

木屑的种类很多，但有些木屑不适合用于秀珍菇栽培，因此收集利用杂木屑时，要注意以下几方面。

①松树、杉树、樟树、洋槐等树种的木屑含有大量油脂、脂酸、精油、醇类、醚类以及芳香性抗菌或杀菌物质精油、单宁等，这些成分具有强烈的抑菌作用，不宜直接取用，必须经过技术处理，排除有害物质后方可使用。

②不宜选用草酸浸泡的木屑。木器、家具加工厂所使用的树种多为优质杂木，材质坚实，加工边材产生的木屑是栽培秀珍菇的好材料。但加工厂为了防止木料变形，常用草酸溶液浸泡木材，导致边材碎屑养分受到破坏，用作栽培原料对秀珍菇产量有影响。因此，在家具厂收集木屑时，要选择未用草酸浸泡过的木屑。

③新鲜木屑要堆制发酵处理。杂木树干砍伐后，经半年以上晒干、缩水后再粉碎得到的木屑最好。但目前绝大部分的杂木屑都是砍伐后直接切片粉碎的新鲜木屑。新鲜的阔叶木屑也含有一些树脂和单宁等不利于菌丝生长的物质。因此，新鲜的杂木屑最好日晒雨淋自然堆制3 ～ 4个月，如果天气连续干燥，还应该每隔3 ～ 4d喷淋1遍，以促进木屑内部组织结构通过热胀冷缩达到疏松的效果，同时通过喷淋或雨淋将木屑内部的单宁成分稀释带走。新鲜的木屑经过堆积软化，自然发酵，颜色变为深褐色后使用效果较好。

（2）棉籽壳

棉籽壳就是棉籽采下来，榨油之前，用剥壳机处理后留下的壳。棉籽壳中含纤维素37% ～ 48%、木质素29% ～ 42%、粗蛋白质17.6%、粗脂肪8.8%，具有营养成分高、质地坚实、质量稳定、形状大小一致，透气性好、保水性高等优点，非常适合食用菌菌丝生长，栽培食用菌的出菇产量高，后劲足，是栽培秀珍菇等食用菌的主要原材料之一（图5-5）。

图5-5　棉籽壳

棉籽壳用作栽培原料时，要求无霉烂、无结块、无杂质、干燥，与其他辅料配合使用。棉籽壳的种类，按壳的大小分为小壳、中壳、大壳；按绒的长短分为长绒、中绒、短绒；按粉的多少分为粉多、中粉、粉少。栽培秀珍菇一般选择粉状物少，中壳、中绒或者中壳、长绒的棉籽壳。棉籽壳一般不用发酵预处理，淋水后可直接利用。

（3）莲子壳

莲子壳含有丰富的适宜食用菌生长的营养物质，其中淀粉含量30.43%、纤维素含量27.10％、蛋白质含量4.98％、还原糖含量6.52％，这些物质均可被食用菌菌丝吸收利用。莲子壳含有丰富的纤维素，壳壁坚硬，适当粉碎处理后，可替代主料棉籽壳或玉米芯。莲子壳偏酸性，用于秀珍菇生产时须在适度的石灰水（2％～3％）中浸泡一晚以提高pH，随后应沥干水分，再加入其他辅料，进行常规堆料发酵（图5-6）。

图5-6　莲子壳

（4）玉米芯

玉米芯是脱去玉米粒的玉米棒，也称穗轴（图5-7）。玉米芯含粗纤维31.8％、可溶性碳水化合物51.8％、粗蛋白质11％、粗脂肪0.6％及无机盐等营养成分。玉米芯晒干后，需用破碎机加工成黄豆大小的颗粒（图5-8），但不要粉碎成粉状，否则会影响培养料通气，造成发菌不良。玉米芯难吸水，使用前要在石灰水中浸泡一夜，沥至不滴水后，再与其他原料混配。

图5-7　玉米芯

图5-8　粉碎好的玉米芯

（5）甘蔗渣

甘蔗渣即甘蔗榨糖后的下脚料，主要营养成分：木质素含量18％～22％，纤维素含量40％～50％，半纤维素含量25％～30％，蛋白质含量2.5％，粗灰分含量2.5％，果胶质含量1.5％，脂肪、糖分含量1.5％～2.5％。广西是我国甘蔗的主产区，每年的11月至翌年4月为榨糖季节，产生大量的甘蔗渣。甘蔗渣是很好的食用菌栽培原料，但使用时应注意以下几点。

①甘蔗渣的含水量较大，一般自然堆置存放，存放一定时间后容易发酵变酸和发生霉变，所以应选择新鲜甘蔗渣。

②甘蔗渣分为细渣和粗渣，粗渣应粉碎后使用，不然容易扎破菌袋，引起杂菌感染。甘蔗渣经过发酵、软化后使用更好（图5-9、图5-10）。

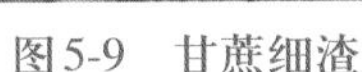
图5-9　甘蔗细渣

图5-10　甘蔗粗渣

③单独使用甘蔗渣作为主料，产量很低，建议与玉米芯或棉籽壳共同使用。

（6）其他作物秸秆类

我国农作物多样丰富，每年能产生农作物秸秆7亿t，开发利用这些数量巨大的可再生资源，可从根本上解决秀珍菇生产的原料短缺问题。目前已利用的秸秆类有玉米秆、高粱秆、木薯秆、大豆秸、斑茅、芦苇等（图5-11、图5-12）。

图5-11　玉米秆

图5-12　木薯秆

（7）麦麸

麦麸是用小麦籽粒加工面粉时的副产品，是麦粒表皮、种皮、糊粉等的混合物，其粗蛋白质含量高，一般为11%～14%，营养丰富，是秀珍菇栽培中重要的辅助营养原料。麦麸可分为粗皮、细皮，红皮、白皮等，虽营养成分相同，但用于秀珍菇栽培时，应选择粗皮、红皮麦麸，因为这两种麦麸透气性好。购买时，要选用当年加工的新鲜麦麸，要求不回潮，无虫卵，无结块，无霉变现象。

（8）米糠

米糠是稻谷加工大米时的副产品，也是秀珍菇生产的氮源辅料之一，其粗蛋白质含量为9.5%～11.8%，可部分取代麦麸。购买时，应选择不含谷壳的新鲜细糠，因为含谷壳多的粗糠，营养成分低，对产量有影响。米糠极易滋生螨虫，宜保存于干燥处，防止潮湿。

（9）玉米粉

玉米粉的营养成分因品种和产地略有差别。一般的玉米粉中含有粗蛋白质9.6%、粗脂肪5.6%、粗纤维3.9%、可溶性碳水化合物69.6%、粗灰分1%。培养基中加入玉米粉可以增加碳源，增强菌丝活力，提高产量（图5-13）。

图5-13 玉米粉、麦麸

（10）石灰粉

石灰粉极难溶解于水，水溶液呈微碱性，调节培养基酸碱度，可以提供钙、硫元素，配料时可依据原料酸碱性质添加1%～3%（图5-14左）。

（11）石膏

石膏的化学名称叫硫酸钙，弱酸性，分生石膏与熟石膏两种。石膏在生产上广泛用作固体培养料的辅料，主要作用是改善培养料的结构和水分状况，增加钙含量，调节培养料的pH，一般用量为1%（图5-14右）。

图5-14 石灰（左）、石膏（右）

(12) 碳酸钙

碳酸钙纯品为白色结晶或粉末，极难溶于水中，水溶液呈微碱性。因其在溶液中能对酸碱起缓冲作用，故常作为缓冲剂和钙素养分，添加于培养料中，用量1%～2%。

(13) 过磷酸钙

过磷酸钙是磷肥的一种，也称过磷酸石灰，为水溶性，灰白色、深灰色或带粉红色的粉末，有酸味，水溶液呈酸性，用量一般为1%左右。

(14) 硫酸镁

硫酸镁又称泻盐，无色或白色结晶体，易风化，有苦咸味，可溶于水，对微生物细胞中的酶有激活反应，能促进代谢，有利于菌丝生长，一般用量为0.03%～0.05%。

三、原料的配制

1. 培养料配制的原则

栽培秀珍菇的原料较多，以棉籽壳为主料栽培秀珍菇最好。但棉籽壳原料有限且价格高。充分利用当地的原料资源，科学配制培养基，也可获得高产，解决环境污染问题的同时，还可以降低成本，提高效益。培养料配制原则：颗粒较大的原料与颗粒较小的原料混合，如粗木屑、玉米芯与细木屑、细甘蔗渣等混合；含氮较丰富的原料与含氮较低的原料混合，如棉籽壳与稻草粉混合；保水性能较强的原料与保水性较差的原料混合，如棉籽壳与细木屑或稻草粉、甘蔗渣等混合。2～3种主料组合的培养料配方，加上适量的辅料，不仅在营养上达到均衡，而且在物理性状上，如透气性、保水性等方面也能互补，对提高产量和降低成本具有很好的作用。

秀珍菇生长发育不仅要保证充足的营养，更要注重其生长发育过程中的营养平衡。其中最关键的是培养基中，碳、氮的浓度要适当，即碳氮比（C/N）要合理。秀珍菇利用木质素的能力差，而利用蛋白质的能力强。在培养基配方中，必须加入能满足其生理需要的各种碳源和氮源。秀珍菇菌丝生长阶段C/N以（20～30）：1为宜，最适碳氮比为（20～25）：1，子实体分化发育阶段则要求C/N为（30～40）：1。如果氮浓度过高，酪蛋白氨基酸超过0.02%时，原基分化就会受到抑制，子实体难以形成，也就是通常说的不出菇，或虽能出菇，但菇柄肥大或畸形，因此C/N对食用菌的生长发育十分重要。

2.培养料C/N的计算方法

把各类原材料的含碳量相加得总碳，各种原料、辅料的含氮量相加得总氮，两者的商数就是C/N（下式中用R表示），计算公式如下：

$R=(C_1W_1+C_2W_2+C_3W_3+\cdots\cdots)/(N_1W_1+N_2W_2+N_3W_3+\cdots\cdots)$

公式中的C_1、C_2、C_3……分别为各种原材料的含碳量；公式中的N_1、N_2、N_3……分别为各种原材料的含氮量；公式中的W_1、W_2、W_3分别为培养料各种物料的质量。

3.常用栽培原料配方

①桑枝屑25%，棉籽壳25%，杂木屑30%，麸皮18%，轻质碳酸钙1%，石灰1%。

②甘蔗渣25%，棉籽壳25%，桑枝屑20%，杂木屑10%，麸皮18%，轻质碳酸钙1%，石灰1%。

③棉籽壳39%，杂木屑39%，麸皮20%，糖1%，石灰1%。

④桑枝屑40%，杂木屑37%，麸皮20%，轻质碳酸钙1%，石灰2%。

⑤棉籽壳30%，杂木屑35%，玉米芯18%，麦麸15%，石灰2%。

⑥棉籽壳58%，玉米芯20%，麦麸20%，石灰1%，石膏1%。

4.原料配制

配料场地以水泥地较好。原料使用前先用2～3目的竹筛或铁丝筛过筛，剔除小木片、小枝条及其他有棱角的硬物，以防装料时刺破塑料袋。

（1）原料称量与预湿

按照配方称取各种原料。对于难吸水或颗粒稍大的原料，如棉籽壳、粗木屑、玉米芯、莲子壳等，要提前1～2d预湿，让水分渗透原料，防止原料干心，影响灭菌效果。原料用水池预湿较好，能使原料完全湿透。用水池预湿原料时，应在配料时提前半天捞起原料，沥干水分，以免造成水分过重（图5-15、图5-16）。

图5-15　用水池预湿棉籽壳、玉米芯

图5-16　在水泥地面预湿棉籽壳

（2）拌料

①人工和小型机器拌料：将预湿好的棉籽壳、木屑、玉米芯等主料分层铺开，再分层撒入辅料（麦麸、玉米粉、石膏、过磷酸钙等）。拌料时可适当加入防杂菌和高效防虫药剂。反复搅拌3 ～ 4次，使水分被原料均匀吸收(图5-17 ～图5-19)。

②机械自动拌料：将主料和各辅料按配方称量，并换算成相应的体积后，用不同体积的容器量取各成分，并依次倒入搅拌机拌料。边加水边翻料，一次加水量不可太多，应逐渐加入（图5-20）。

图5-17　原料分层平铺

图5-18　人工拌料

图5-19　小型自走式拌料机拌料

图5-20　大型自动搅拌机拌料

（3）培养料测定

配制好的培养料在装袋前必须测定水分含量和pH，如果不合适，必须微调。

①含水量测定：培养料含水量要求为62%～ 65%。测定方法：用手握紧培养料，以指缝间有水痕为标准。若指缝间水珠成串下滴，原料成团不散，表示水分偏高（图5-21）。这时不宜加干料（以免配方比例失调），而应及时将原料摊开，让水分蒸发至含水量适宜即可。如果水分不足，应以喷雾方式加水调节。

图5-21　培养料含水量的测定

②pH测定：秀珍菇菌丝生长适宜pH为6 ～ 7，菌丝在生长过程中会分泌一定量的有机酸，使培养基pH有一定程度的下降，因此配制培养基时，pH应适当调高一些。培养基灭菌后pH通常也会下降，灭菌前pH为7 ～ 8时，灭菌后通常会下降至6.5 ～ 7.0。因此培养料的pH最好调节为7 ～ 8。具体测量方法：用手抓一把搅拌均匀的培养料，取一片广泛pH试纸插入培养料中，用手稍握培养料30s，使少量的水渗入试纸，然后从培养料中取出试纸与比色卡对照，查出相应的pH（图5-22）。若培养基偏酸，可加4%氢氧化钠溶液调节，或用石灰水调节至达标。

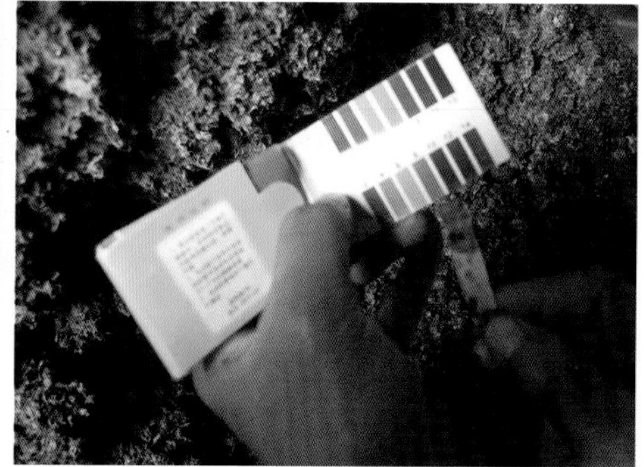

图5-22　培养料pH测定

四、菌棒制作

1.塑料袋的选择

食用菌菌棒成功率及杂菌污染率与塑料袋质量关系密切。质量差的塑料袋在使用过程中易破损，导致培养料感染杂菌，因此，购买塑料袋时要慎重。

（1）选择正规厂家生产的栽培袋

一般正规厂家生产的栽培袋厚薄均匀，袋底封得严，不硬、不脆；一些小作坊由于生产设备简陋，技术落后，生产的栽培袋厚薄不均，尤其是袋底压的不严，易破袋，使栽培袋污染率高。

（2）塑料袋质量检查简单方法

以“一摸二看三拉四吹”判断包装袋质量的优劣。一摸，用手触摸栽培塑料袋，塑料袋表面光滑，说明其中掺杂的再生料少质量好。因为再生料不易熔化，在生产塑料袋时聚集呈颗粒状，生产塑料袋时掺杂的再生料越多，摸上去就越粗糙，这样的塑料袋也越容易破裂。二看，将塑料袋迎着阳光看，检查塑料袋上是否存在小黑点，这些小黑点是未融化的再生料小颗粒，小颗粒较多的不可购买使用。三拉，用剪刀从塑料袋上剪下宽1 ~ 2cm的长条，然后用手捏紧长条的两端纵向缓缓用力拉伸，拉得越长，说明包装袋的质量越好。四吹，塑料袋使用前，抽样检查，采用吹气法检查塑料袋是否漏气，如有漏气，说明塑料袋已破损，应淘汰。

（3）塑料袋类型

塑料袋有聚乙烯塑料袋和聚丙烯塑料袋（比较透明）。栽培菌棒生产采用常压蒸汽灭菌的，选择聚乙烯塑料袋较好，聚乙烯塑料的抗张强度较好，一般能耐115℃左右的高温，灭菌后能紧贴料面。食用菌生产中若采用高压蒸汽灭菌，则宜用聚丙烯塑料袋，能耐150℃高温，但其柔韧性不如聚乙烯塑料袋，温度低时易变脆破袋，因此低温季节宜使用聚乙烯菌袋。常用的塑料袋规格（宽×长×厚）为17cm×33cm×（0.05 ~ 0.06）mm，18cm×38cm×(0.05 ~ 0.06) mm，(20 ~ 22) cm×(42 ~ 45) cm×0.03mm(图5-23、图5-24)。

图5-23　扎口塑料袋

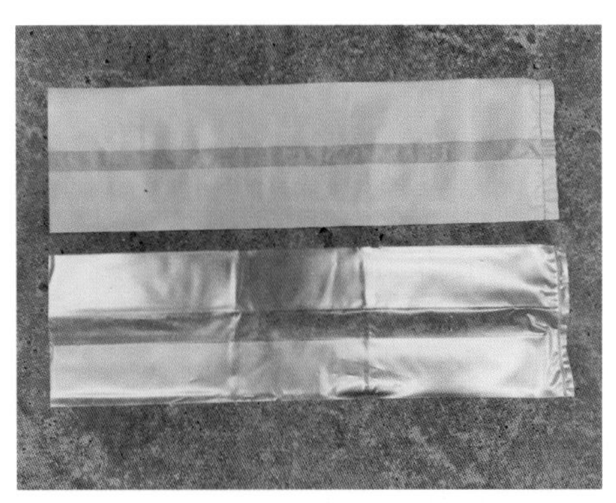
图5-24　聚乙烯袋（上）和聚丙烯袋（下）

2.装袋

（1）装袋方式

培养料配制好后要求4h内完成装袋，防止培养料发酵变酸。小规模农户可采用人工和简易装袋机装袋，有一定生产规模的合作社和企业，为了节约劳动力成本一般采取半机械化或自动化装袋。

①人工装袋操作方法：把塑料袋口张开，用手把料塞进袋内，一边装一边压，当装至满袋时，用手在袋面旋转下压或朝袋口拳击数下，使袋中料紧实无空隙，然后再填充。袋头留薄膜5cm，用绳子扎口或套套环、盖无棉盖。规格为（20 ~ 22）cm×（42 ~ 45）cm×0.03mm的塑料袋一般配直径5 ~ 6cm的套环。规格（17 ~ 18）cm×（33 ~ 38）cm×（0.05 ~ 0.06）mm的塑料袋配直径为3.5cm套环（图5-25）。

图5-25 人工装袋

②简易装袋机装袋方法：一般每台装袋机配备操作人员5人，其中上料1人，装袋1人，传袋1人，扎袋口2人。根据塑料袋规格更换相应的绞龙套。先将塑料袋口一端张开，整袋套进装袋机出料口的套筒上，一手撑住塑料袋头往内紧压出口处，另一只手托着塑料袋末端，随着物料装入，顺其自然后退，当填料接近袋口4 ~ 5cm处时，取出料袋（图5-26）。再人工将料面整平压实，扎口或套套环，塞棉花或盖无棉盖。

图5-26 简易装袋机装袋

采用冲压式装袋机组或自动化生产线装袋方法，参见第四章（图5-27、图5-28）。

图5-27　半自动化冲压式装袋机装袋

图5-28　全自动化生产线装袋

（2）菌棒封口方式

秀珍菇菌棒的封口方式主要有3种。一是菌棒两端扎口或套出菇圈，常用于秋、冬季栽培的常规秀珍菇品种，出菇时两端出菇（图5-29）。二是菌棒单头套环（图5-30），使用配套的密封透气无棉盖或棉花塞的封口，在广西夏季栽培的秀珍菇主要采用这种菌棒封口方式，用该方式封口的菌棒水分不容易散失，出菇周期长。三是菌棒窝口，即使用专用的凹口装袋机对菌棒窝口，有控温条件、出菇周期短（只出2～4潮菇）的种植户采用这种封口方式较好；菌棒培养时处于高温、高湿环境或出菇周期长的菌棒，不宜采用窝口方式，因为在高湿条件下，窝口处容易感染杂菌，高温条件下，菌棒中心难散热，菌种在菌棒中心容易受高温影响，难萌发，窝口菌棒中心中空，出菇时菌棒水分散失严重（图5-31）。

图5-29　两头出菇菌棒

图5-30　单头套环菌棒

图5-31　窝口菌棒

（3）装袋质量要求

菌棒应松紧适宜，用手以中等力度挤压菌袋中部，以袋面呈微凹指印，有结实感为妥。如料袋有较深的凹陷或断裂痕，说明装料太松。袋口要密封，防止杂菌从袋口侵入。装料和搬运过程要轻取轻放，破袋或被扎孔料袋要清出，换袋重装。

3.灭菌与出锅冷却

料袋装好后，要马上灭菌，料袋不能久置，以免培养料酸变。企业依据自有灭菌设备选择高压高温灭菌或常压灭菌，但不管是采用高压还是常压灭菌方式，灭菌工作一定要做到位，因为直接关系到菌棒质量。生产实际中，不时会有一些栽培者在灭菌上麻痹大意，因工作马虎而失误，以致培养料酸变或接种后杂菌污染严重，菌袋成批报废，损失严重。

（1）常压灭菌程序

一是料袋叠放。装锅时料袋摆放是否合理，直接影响灭菌时锅内蒸汽的流通。料袋摆放时，应一行接一行，自下而上重叠排放，上下形成直线（图5-32）；相邻两行间要留空间，使气流通道自下而上畅通，蒸汽能均匀流通。料袋不宜交错叠放或呈“品”字形叠放，以免上包压在下包的缝隙上，使蒸汽不能上下流通，造成局部死角，使灭菌不彻底。菌袋摆放不能过多过密，一般料袋体积最多占锅总体积的3/4。有条件的种植户最好采用铁架和周转筐盛装料袋灭菌（图5-33），这样层与层之间，框与框之间，袋与袋之间均有空隙，灭菌锅内蒸汽热循环更流畅，灭菌效果更理想。

图5-32　料袋成行叠放

图5-33　灭菌周转筐盛装料袋

二是升温、控温。料袋上灶后，应立即旺火猛攻，使温度在3 ~ 4h内迅速上升至100℃，之后保持100℃灭菌12以上（灭菌时间的长短根据料袋的数量而定）。灭菌过程中，工作人员要坚守岗位，随时观察温度和水位，检查是否漏气，中途不能停火，不能添加冷水，不能降温，防止灭菌温度出现“大头、小尾、中间松”的现象。如果温度达不到要求，则应加大火力，确保不降温。锅内水位不足前应及时补充热水，防止烧干。达到灭菌时间后，加一把火“促尾”，保证锅内温度不会马上下降。停止加热后，最好保留余温持续一段时间再出锅，达到更好的灭菌效果。

三是卸袋搬运。袋料温度降至60℃左右，趁热卸袋搬运。卸袋前先让热气散发，然后用搬运车整框或整架搬运到接种室。如果接种室与灭菌锅距离远，应在料袋上面覆盖无菌薄膜，防止空气中的粉尘或杂菌掉落到料袋上。

（2）高压灭菌锅（柜）灭菌程序

①料袋进柜。将料袋装入铁架周转筐，集中摆放到装载车上，推入灭菌锅（柜）内，关闭锅门，打开电源或烧火加热升温（图5-34）。

图5-34 将料袋推入灭菌柜

②排冷空气。灭菌锅内留有冷空气，密闭加热时，冷空气受热很快膨胀，使压力上升，造成灭菌锅压力与温度不对应，产生假压现象，致使灭菌不彻底，因此升温初期必须把冷空气排尽。排除冷空气的方法，有缓慢排气和集中排气两种。缓慢排气是在开始加热灭菌时打开排气阀，随着温度的逐渐上升，灭菌锅内的冷空气被逐渐排出，当锅内温度上升至100℃，大量蒸汽从排气阀中排出时即可关闭排气阀，升压灭菌。集中排气是在开始加热灭菌时，先关闭排气阀，当压力上升至0.05MPa时，打开排气阀，集中排出冷空气，让压力降至“0”，然后再关闭排气阀，进行升压灭菌。

③保温保压灭菌。高压灭菌时，当灭菌锅内温度达到126℃或压力0.15MPa时开始计时，维持此温度（或压力）2 ~ 2.5h。

④出锅。灭菌时间达到后，停止加热，关闭进气阀，压力降至“0”时，即可以开锅。要缓慢开启锅门，防止锅内与锅外压力差过大，引起薄膜膨胀，造成袋膜皱纹、破袋或袋头松脱。因此，揭开锅盖时，应先将锅盖一侧内靠，一侧外斜，让锅内蒸汽徐徐排出后，再揭开锅盖排出蒸汽。趁热卸锅并将料袋搬运至冷却室（图5-35）。

图5-35 出 锅

（3）料袋冷却

搬运到接种室或冷却室的料袋，疏袋散热处理。将料袋按“井”字形交错摆放于冷却室，由周转筐盛装的可直接在框内冷却。冷却室内最好安装制冷空调降温，以加快降温冷却速度，同时利用空调抽风，减少因开门窗通风，致使室外杂物或杂菌进入的概率。没有空调降温的，应该将室内所有门窗打开，让空气对流，若在早秋季节制袋，自然气温高，降温慢，室内应使用风扇、排风扇散热。料袋冷却一般需要24h，要求温度降至28℃以下。检测方法：用棒形温度计从袋口插进袋内直接观察料温，或者直接用手摸料袋表面，无热感即可。如料温超过28℃，应继续冷却至达标方可进入下一道接种工序。为保障接种成品率，最好建造专门的冷却室（参见第四章）。

五、菌棒接种

1.接种场所要求及准备

接种场所必须严格消毒，一般要求在接种前做到“两次消毒”，即空房消毒和料袋进房后再消毒。种植户、企业可根据自己的栽培条件和规模选择不同的接种场所，常见的接种场所有以下几种。

（1）出菇棚

由于条件有限，小规模生产的菇农一般没有专门的接种室，通常接种场地、菌棒培养场地、栽培出菇场地为同一场所。采用出菇棚接种，优点是可以节约空间，节省菌棒搬运的工序，成本低；缺点是环境条件粗放，容易出现交叉感染（图5-36）。

图5-36　出菇棚接种

（2）无菌接种室、接种帐篷

具有一定栽培规模的单位，为保障接种成功率，最好建造专门的接种室（图5-37）或接种帐篷。无菌室建造面积依据种植户生产规模确定，具体参见第四章。

图5-37　净化接种室接种

2.菌种准备

（1）菌种选择

生产要获得高产，就要选择优良的秀珍菇菌种。秀珍菇的菌种制作相对复杂，有条件和技术的企业可自行取样分离种源。不具备分离制种条件的栽培户，可直接从正规的菌种生产单位引进、购买。选择菌种的标准是，菌种色泽纯正，纯白色，有光泽，无老化变色现象。菌丝在适温（27℃）条件下，母种6～8d长满斜面，原种和栽培种25～30d长满全瓶（袋），菌种菌丝洁白色、健壮，生长整齐、旺盛，无污染、无病虫害，菌龄适宜（图5-38）。

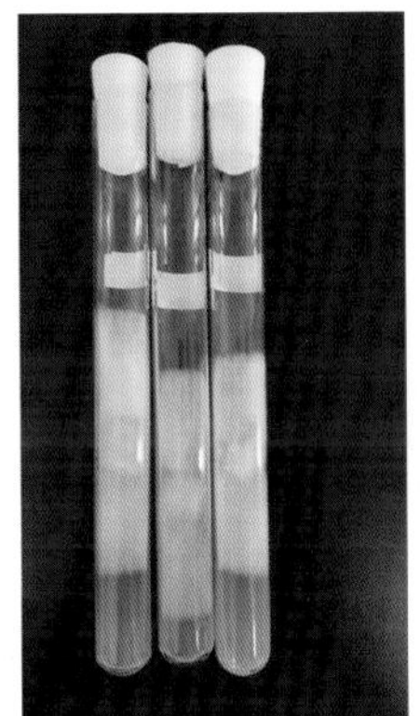

图5-38 优良的母种、原种、栽培种

若菌种袋内或棉塞上有红、褐、灰、黑、绿、黄色斑点，说明菌种已被杂菌污染；出现菌种生长一半或一大半后停止生长，菌种培养基萎缩，菌丝生长细弱变黄等症状的，均为不合格的菌种（参见第三章）。

（2）菌种预处理

为保证菌棒接种不受杂菌污染，除了做好接种场所消毒灭菌处理外，要把严菌种关。无论是从专业制种单位购买的菌种，还是自行扩大繁育的菌种，接种前必须预先检查和处理。菌种预处理方法：按照优质菌种的标准挑选好菌种。对菌种进行表面消毒，即将菌袋浸入0.1%高锰酸钾溶液中，并用洁净毛巾擦拭袋壁、袋颈、袋口、棉塞等部位，将擦洗完毕的菌种马上放到接种室，与料袋一起熏蒸消毒。菌种使用前，用棉球蘸75%酒精擦拭菌种袋壁四周（图5-39），然后用刀从菌种袋靠底部开口取菌种（图5-40）。如果菌种表面有老化菌皮或白色原基，应用刀片将其刮掉。

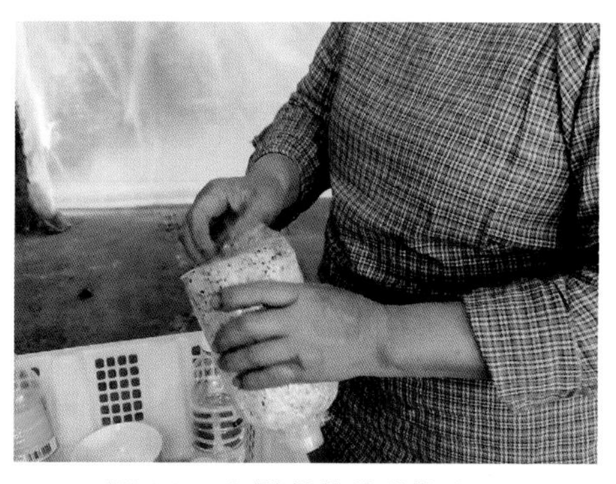

图5-39 酒精擦拭菌种袋表面

图5-40 从菌种袋底部开口取种

3.接种操作

一般菌棒料温冷却至28℃以下时可以安排接种。将菌种、接种工具等放入接种室，与冷却好的菌棒一起用烟雾消毒剂熏蒸1h以上，消毒结束后，按无菌操作要求接种。为了提高菌棒的成品率，接种时应注意以下几点。

①工作人员要穿戴整洁。有条件的最好配备接种室专用工作服、帽和口罩及拖鞋等；工作人员更换干净的衣服后，方可进入接种室；接种前双手用75%酒精擦洗或戴无菌乳胶手套。

②菌棒要及时接种。灭菌出锅的菌棒冷却后要在1 ~ 2d内及时接种，菌棒久置不接种，会增加杂菌感染率。

③选择适宜时间或天气接种。避免在高温、高湿的天气接种。高温天气，接种室没有空调等降温设施的，应选择晴天午夜或清晨接种，此时段气温凉爽，有利于提高菌棒接种的成品率。回潮或下雨天气，空气湿度大，容易感染霉菌，不宜接种。

④操作迅速。由于接种时需打开袋口，培养料会暴露于空间，室内残留的杂菌孢子容易趁机而入。因此，要求操作敏捷快速，减少菌种及菌棒的暴露时间。

⑤适当加大接种量。菌种充裕的条件下，可适当加大接种量，使菌种能封住料面，尽快萌发、吃料，阻止杂菌入侵。规格为15cm×26cm的袋装菌种，接种规格为（20 ~ 22）cm×（42 ~ 45）cm的菌棒时，每袋菌种可接种30 ~ 40个菌棒（单面接种），或者15 ~ 20个菌棒（双面接种）；接种规格为（17 ~ 18）cm×（33 ~ 38）cm的菌棒时，每袋菌种可接50个菌棒左右。

具体接种方法：

①单人接种。接种所有操作由1人完成，主要接种工具包括接种勺或镊子和盛放菌种的架子。接种时，首先灼烧消毒接种勺或镊子，冷却后用于盛

取菌种；拔出菌棒袋口棉塞或打开袋口扎绳；随后用镊子（勺）取菌种放入袋口料面（图5-41），菌种最好放在菌棒四周的肩部和袋口；然后用手在塑料袋外面，轻轻地将菌种下压，使菌种紧贴培养料；最后塞回棉塞或套上颈圈用无菌纸皮封口。如果是采用枝条菌种接种的，先拔出预埋的塑料棒，然后将枝条菌种插进洞内，再塞棉塞或封口。

单人接种不利于操作，接种速度慢，容易造成感染。条件允许的情况下，不建议单人接种。

②多人流水线接种。多人接种一般由3 ～ 4人组成。其中，1人负责接种，2 ～ 3人负责开袋、封口及准备菌种。接种步骤程序同单人接种。多人流水线接种，分工明确，操作流畅，动作快，菌棒暴露时间短，接种人员专门拿菌种，手不接触其他地方，大大减少污染率，效率高（图5-42）。

图5-41　单人接种

图5-42　多人流水线接种

每批菌棒接种完后，必须打开门窗通风换气30 ～ 40min，然后关闭门窗，重新消毒，继续接种。有的菇农常在密封的接种帐或接种罩内接种，接种罩密封性强，接种后如果不通风，室内人员活动以及菌棒料内水分蒸发会导致室内环境温度升高，容易造成杂菌感染。

接种过程中，预处理的菌皮、接种后残余的菌种等，应盛放于干净的塑料桶中，不要乱扔乱放，待本批菌棒接种结束后，结合通风换气清除，以保持场地清洁。

六、菌棒菌丝培养

秀珍菇菌棒接种后，要及时摆棒。为减少菌棒搬运工序，大部分种植户或企业采用在同一场所培养菌棒和出菇的模式，仅少数能将培养和出菇分别安排在不同空间。培养环境及培养条件是影响菌包培养成功率的重要因素。

健壮的秀珍菇菌棒是后期获得高产的必要基础，要获得健壮的秀珍菇优质菌棒，在菌棒培养过程中应做好以下几方面工作。

1.良好的菌棒培养场所

菌棒培养的场所通常有空闲房、室外搭建的荫棚、专业层架菇棚、工厂化全自动控温控湿培养室。不论是哪类培养场所，在进棒前5 ~ 7d都要将养菌场所打扫干净，墙壁四周喷洒来苏尔、福尔马林等药物消毒，地面铺撒石灰粉，进行1 ~ 2次彻底消毒，杀灭潜在的病原菌和害虫。培养场所总体要求避光、干燥、通风、阴凉，温度稳定在23 ~ 28℃。

2.菌棒合理摆放

（1）堆（叠）码式样摆放

秋、冬季顺季节栽培的秀珍菇菌棒［(20 ~ 22）cm×（42 ~ 45）cm］多采用这种摆袋方式。“井”字形或单排墙式叠放，温度高时摆放3 ~ 4层，气温低时摆放5 ~ 7层，堆垛与堆垛之间留50 ~ 60cm的人行道（图5-43、图5-44)。

图5-43 “井”字形堆码摆放

图5-44 单排墙式叠放

（2）室内层架摆放

培养室（出菇室）搭建层架式培养架，将菌棒逐层横放在栽培菇架上，一般每2 ~ 3层用铁架或竹条分层隔开，每层出菇面相互错开或一层中每包出菇面相互错开（图5-45、图5-46)。

（3）网格架摆放

用食用菌专门网格培养架摆放菌棒，即一袋一格卧式置于框格内。有条件的最好采用此种摆放方式。此方式，袋与袋之间都有间隙，通风透气，高温天气不容易烧菌，且检查清除污染菌棒时可单独抽出，不用搬袋翻袋，方便、节约人力（图5-47、图5-48)。

图5-45 铁架层式摆放

图5-46 竹架分层摆放

图5-47 网格培养架

图5-48 网格摆袋

3.创造适宜培养条件

(1)温度控制

发菌期间要密切注意气温、堆温和菌温的变化。气温是指室内外的空气温度，堆温是指菌棒堆垛内的温度，菌温是指培养料内部的温度。发菌过程由于菌丝不断增殖，新陈代谢渐旺，菌温和堆温会随之升高。叠放越高，堆温越高；菌棒数量越多，通风程度越差，堆温越高。同时，气温越高，堆温也随之升高。一般堆温比室内气温高2 ~ 3℃时，菌温会比堆温高2 ~ 3℃。当菌丝长至菌棒的一半时，会出现第一个升温高峰，此时菌温会比室温高3 ~ 5℃；当菌丝长满袋后10 ~ 15d，出现第二次菌温高峰值。因此，必须时刻关注3个温度的变化，根据不同季节及发菌期不同阶段，调节至适宜的培养温度。

发菌初期温度控制：秀珍菇接种后1 ~ 5d，温度应稳定在25 ~ 28℃，以促使接入的菌种块尽快萌发、吃料。高温季节，接种后要及时通风降温，避免温度过高损伤菌种，导致菌种无法萌发。如果冬季或早春季节气温低，可用薄膜加盖菌棒，并关闭门窗或薄膜封棚，提高堆温或棚温，以满足菌丝萌发的需求。

菌丝快速生长期温度控制：当菌丝长满料面，并向四周生长2 ~ 3cm时，应适当降低棚温1 ~ 2℃，使棚温控制在23 ~ 26℃（菌温26 ~ 28℃）；当菌丝生长至菌棒一半以上时，呼吸加强，代谢活跃，自身产生热量增多，料温和二氧化碳浓度会出现第一次高峰。此时如管理跟不上，易出现烧菌，此阶段必须加强通风换气和降温管理，室内温度应控制在23 ~ 25℃。

菌丝生长后期至成熟期温度控制：菌丝生长后期至生理成熟出菇之前，培养温度要稳定，温差不宜过大，以免出现自然菇（偷生菇）。菌棒尚未完全成熟就碰到温差大的天气时，容易出自然菇（偷生菇）（图5-49）。自然菇要及时摘除，或用药剂将菇闷死，以免造成营养流失，降低后期培养发生虫害的概率。堆温应控制在28℃以下，温度过高容易导致菌丝发黄，菌棒吐黄水，中期大量感染霉菌（图5-50、图5-51）。

图5-49 菌丝未成熟袋口出现自然菇

图5-50 闷热造成菌棒严重吐黄水

图5-51 闷热造成菌棒后期严重感染

（2）湿度控制

菌棒培养阶段要求场地干燥，空气相对湿度在60%～70%为好。如果场地潮湿，空气相对湿度大，会引起杂菌滋生，造成菌棒污染。菌棒接种结束就遇到回潮天气时，特别容易感染白色链孢霉。因此，培养室宜干不宜湿，要防止雨水淋浇和场地积水。如果湿度过大，可在地面和菌棒上撒石灰粉除湿，有条件的可在培养室安装除湿机除湿。菌丝培养期间，不能向菌棒、菇棚里喷水。

（3）通风和光照控制

培养室要经常打开门窗通风更新空气，如果通风不良，室内二氧化碳浓度过高，会影响菌丝体的正常呼吸，为杂菌发生提供条件。尤其是高温季节，不及时通风，菇棚内闷热，对菌丝生长发育不利，常会造成大面积杂菌感染或烂棒。因此，高温天气宜早、晚通风；低温天气宜中午通风。

菌棒培养宜暗光或提供少量散射光。如果光线强，菌丝受强光刺激，原基早现，菌丝老化，影响产量。因此，菌棒培育期间门窗应挂窗纱或草帘遮光。适当的蓝光可促进菌丝生长，有条件的可提供间歇性蓝光，光照强度15～30lx。

4.及时翻堆检查

菌棒培养期间要适时翻堆，一方面可检查清除有污染或有问题的菌棒，另一方面起到通风散热的作用。整个培养周期共翻堆1～2次，在菌棒菌温高峰期翻堆。一般接种后7～10d检查1次，发现被污染的菌棒要及时捡出，并立即无害化处理；菌棒菌丝长到培养料1/2～2/3时，翻堆1次。翻堆时应做到上下、里外、侧向等相互对换，翻堆时要轻拿轻放。

七、出菇管理

为了方便出菇期间的管理，同时避免交叉危害，出菇前宜对菌棒适当分类，将不同类别的菌棒分开摆放，同类级别的菌棒集中摆放在同一库（棚）中出菇。

秀珍菇菌丝满袋后，菌棒不能立即开袋出菇，还需要一定的后熟时间，其目的是让菌丝能够更好地将包内营养物质转化成子实体生长所需的营养菌体蛋白，即由菌丝的营养生长转到生殖生长。菌棒成熟度合适，才能保证秀珍菇高产优质。适宜的成熟度还能保证菌丝具有较高的活力和较强的抗逆性，菌棒不容易退菌或被杂菌侵染，造成烂棒。菌棒达到生理成熟后应及时开袋出菇，不要延迟开袋时间，否则容易造成菌丝老化、抗性减弱，从而引发病虫害（图5-52 ～图5-54）。

图5-52　菌丝未成熟不宜开袋出菇

图5-53　菌丝生理成熟的菌棒

图5-54　菌丝成熟的菌棒开始现蕾

秀珍菇菌棒的后熟时间主要受培养料配方、填料致密度、培养温度和品种特性等因素影响。

1.常规秀珍菇的出菇管理

常规秀珍菇菌棒从接种至菌丝长满料袋需要30d左右，菌丝生理成熟快，一般仅需5 ～ 7d。当袋内壁有少量黄水或者少量原基时，就可以进入出菇管理环节。具体管理步骤如下。

（1）催蕾

菇棚白天少通风，晚上打开门窗加大通风，适当增大日夜温差3 ～ 5d；菇棚四周及菌棒口喷重水，提高空气湿度，揭去袋口的报纸，增强散射光，促使袋口的菌丝育出菇蕾（图5-55）。

图5-55　揭去袋口报纸

（2）原基期及幼菇期管理

棚温不低于10℃，不高于28℃。棚内空气相对湿度保持85%～90%，每天向菇棚四周或空间喷2～3次雾状水，但不能直接喷在菇体上。为保证棚内湿度，可以在棚内地面铺垫地毯、毛毡保湿（图5-56）。适当供给新鲜空气，但不能让强冷风（北风）直接吹子实体，以免造成幼菇失水死亡。给予一定的散射光线，如果出菇场地光照过强，可以在棚四周或顶部增盖遮阳网（图5-57）。

图5-56　菇棚地面铺地毯、毛毡保湿

图5-57　简易出菇棚棚顶增盖遮阳网

（3）子实体生长期管理

当菇蕾分化出菇盖，且菌盖直径在2cm左右时，菇棚相对湿度维持85%～90%，保持地面湿润，喷水以少量多次雾化喷水为宜，可直接喷雾在菇体上，喷雾可采取人工喷雾或安装自动喷淋系统定时喷雾（图5-58、图5-59）。棚内温度宜控制在15～25℃范围，不能低于10℃，不要高于30℃。

（4）采收及采后管理

秀珍菇子实体菌盖直径为3～4cm时，菇盖边缘内卷，颜色由深逐渐变

图5-58　人工喷雾

图5-59　自动喷淋系统喷雾

浅，孢子尚未弹射，即子实体八成成熟时及时采收。采收时提前1 ～ 2h喷1次雾状水，使子实体保持湿润有韧性。连基部整丛采收，轻拿轻放，防止损伤菇体，采后要清除死菇残根。由于顺季节栽培的秀珍菇出菇不整齐，采收后仍需喷水，直至整潮菇采收结束后才能停水。停止喷水4 ～ 7d，待菌丝恢复生长后，再进行下一潮菇的出菇管理。

2. 反季节秀珍菇出菇管理

（1）菌棒成熟与否的判断

反季节秀珍菇的菌丝生理成熟所需时间比较长。在20 ～ 25℃的环境下，菌棒长满菌丝需40d左右，后熟时间至少20d。广西多数种植户大棚栽培的秀珍菇菌棒培养时间一般控制在80 ～ 100d。除了菌龄达到要求外，同一批生产的菌棒还具有以下菌棒成熟的特征：菌棒袋内菌丝满袋，袋壁菌丝有不平状态；菌丝由浓白色转变为黄白色（图5-60），袋口表面出现黄白斑块或胶质（图5-61）；有80%左右的菌棒在塑料薄膜袋内壁接种端套环部位出现清亮黄色水珠；手指稍用力捏压菌包接种端，菌棒不再是硬邦邦的，而是能够下凹，具有

图5-60　成熟菌包菌丝黄白色

图5-61　袋口菌丝有胶质

一定的弹性。以上特征表明菌棒菌丝生理成熟，可以进行低温刺激出菇管理了。

（2）出菇管理

反季节秀珍菇的出菇管理分为催蕾、护蕾、育菇3个阶段，具体管理工艺如下。

①催蕾：秀珍菇反季节栽培出菇需人工低温刺激催蕾处理，催蕾方式有以下3种。

一是固定冷库催蕾流程：将生理成熟的菌棒搬运进冷库。菌棒放置于冷库后，对菌棒喷水，随后关闭冷库门窗开机制冷。库内温度降至6～8℃，维持12～14 h。冷刺激结束后，将菌棒运回出菇棚并摆放上架，闷棚催蕾。利用固定冷库制冷，由于冷库密封性好，保温效果好，因此制冷快，能耗低，但是每次菌棒冷刺激时均要重新上架下架，搬运菌棒人工大，而且搬运过程中容易造成菌棒破损，影响产量。

二是移动式制冷机催蕾流程：根据出菇需要，用双层塑料薄膜将出菇架围成一间密封出菇棚。用喷雾器向出菇棚及棚内菌棒喷重水，增加室内空间湿度。将移动式制冷机推进出菇棚，开机制冷，棚内温度降至8～10℃后，维持12～14 h，移出移动式制冷机，闷棚催蕾。移动式制冷机可以根据出菇需要随时随地移动，灵活方便，免除菌包搬运工序，目前大部分种植合作社、企业采用此方式（图5-62、图5-63）。

图5-62　打冷前喷重水

图5-63　封棚打冷

三是工厂化菇房自动降温催蕾流程：菇房菌丝成熟后，将菇房湿度调为85%～90%，将温度调至6～8℃，维持12～14h后，将菇棚温度调回23～25℃闷棚催蕾。

反季节秀珍菇的第一潮菇出菇时期容易爆发黄斑病，为了防控黄斑病，可结合冷刺激前的喷水，使用二氧化氯消毒剂和农用链霉素对菇棚环境及菌棒表面进行喷雾消毒。

菌棒低温刺激后，应及时让菇棚温度回升，将温度控制在23 ~ 27℃。第一潮菇冷刺激结束后，要及时开袋。开袋时，先把颈圈拔掉，然后用小刀沿着料面割掉袋口薄膜，敞开袋口露出料面。开口后，如果袋口干，同时空间相对湿度低于80%以下，要及时补水，有条件的可用超声波迷雾器细喷补水，保证袋口及空间湿润。同时增加散射光，促进菇蕾分化。菌棒开袋操作结束后，菇棚继续用薄膜密封2 ~ 4d，增加二氧化碳浓度，促使菇蕾形成的同时增加菌柄长度（图5-64 ~ 图5-66）。

图5-64　取下颈圈

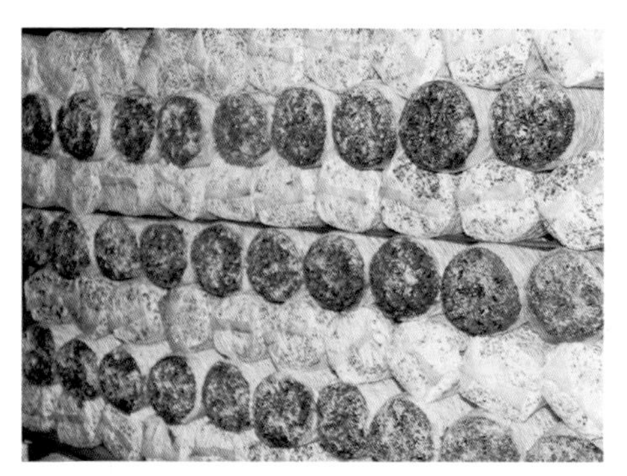

图5-65　割掉塑料薄膜的袋口

图5-66　用薄膜闷棚催蕾

② 护蕾：经过2 ~ 3d闷棚，菌棒袋口料面开始有大量白色菇蕾形成（图5-67）。菇蕾形成期空间环境相对湿度保持在85% ~ 90%，此时切忌向袋口喷水，菇蕾上不能积水；切勿让干燥冷风或热风直接吹到子实体上，以免造成子实体枯萎死亡。菇棚温度控制在23 ~ 28℃，温度超过30℃时，应在菇棚顶部和四周增加喷淋装置，及时降温。待70%菌棒子实体菌柄长到2 ~ 3cm时（图5-68、图5-69），应逐步揭开塑料薄膜通风透气，供给新鲜空气促进菌盖分化。护蕾阶段是出菇最为关键阶段，在此阶段菇棚内如果出现高温、高湿、闷热条件，很容易暴发黄斑病。因此在此阶段一定要协调好温度、湿度、通风、光照几个因素。

图5-67　原基分化形成菇蕾

图5-68　通风促菌盖分化

图5-69　子实体生长期

③育菇：经过护蕾阶段，逐步揭膜通风，菇棚由封闭状态转入半封闭，最后转入开放式通风，供给足够的新鲜氧气，促进菌盖分化并展开，颜色由浅白色逐渐变灰色或灰黑色。子实体进入迅速生长阶段，此时空气相对湿度不能长时间低于75%，否则，极易造成菇蕾枯萎。要加强水分管理，勤喷雾化水，雾点可直接喷在子实体上。喷水应结合通风，通风以不造成温差过大为宜。菇棚温度维持在30℃以下，菇棚温度超过30℃时，应在菇棚棚顶喷水降温。

（3）采收

当菇盖长到3 ～ 4cm达到采收标准时，要及时采收。具体采收标准和方法参见第七章。

（4）转潮管理

采完第一潮菇后立即停止喷水，全面通风1 ～ 2d，让菌棒口尽快风干，用刀具将料面菇脚等残留物刮除清理干净（图5-70），同时清扫棚内地面的菇脚和烂菇（图5-71）。清场后，环境湿度维持在60% ～ 70%，经15 ～ 20d养菌后，可进行下一潮出菇管理。下一潮菇冷刺激之前，应连续2 ～ 3d向菌棒料面喷水，直至料面湿润有弹性，即可按照第一潮菇的管理方法低温刺激出菇。第四潮菇以后可从菌棒底部开袋出菇，充分利用菌棒底部营养出菇，提高产量。

图5-70　用刀具清理菇脚及料面

图5-71　清扫菇棚

第六章

秀珍菇常见问题分析及防控措施

秀珍菇生产过程复杂，包括原料准备、配料、装袋、接种、菌丝培养、出菇、转潮管理等众多环节，而且生产周期较长，生产中存在各种问题在所难免，如不及时发现并采取相应措施挽救，很容易导致严重的经济损失。

一、秀珍菇常见菌丝生理性问题及防控措施

1. 菌种不萌发

接种后菌种、菌种块不萌发（图6-1）。

图6-1　不萌发（左），萌发（右）

（1）发生原因

①菌种存放时间过长，老化，生命力弱。

②接种时菌种被酒精灯火焰或接种工具烫伤。

③菌棒灭菌后冷却不够彻底，仅表面温度下降，接种时内部料温未下降到30℃以下，或接种后培养环境温度过高（超过33℃），菌种受到高温伤害，无法萌发。

④培养料中含有抑制菌丝生长的物质或药剂。

（2）预防方法

①使用菌丝活力旺盛的适龄菌种，最好是菌种长满袋后3 ～ 10d内使用。

②接种时防止烫伤菌种。

③灭菌后的菌棒应充分冷却至30℃以下，再接种，没有温控设施的菇场，在高温天气应在早晨或夜间接种。

④制作菌棒的原料要严格把控，不能使用含有松、杉、樟等含有芳香性抗菌或杀菌物质树种的木屑，不添加未经验证的药剂。

2. 菌丝发黄萎缩

在正常环境下发菌，接种后菌块菌丝萌发良好，色泽浓白。但在接种一段时间后，菌丝迟迟不往料内生长，菌丝逐渐发黄、稀疏、萎缩（图6-2）。

图6-2　菌丝缺氧变黄停止生长（右侧菌棒）

（1）发生原因

①夏季或早秋季节培养室内温度高，菌棒摆放过密，通风不良，料温往外散发困难，菌丝受高温伤害发黄死亡。

②养菌室内二氧化碳浓度过高。

③培养料偏酸pH＜6或偏碱pH＞9，菌丝难以吃料。

④灭菌不彻底，造成料内嗜热性细菌大量繁殖，争夺营养，抑制菌丝生长。

⑤堆沤发酵时间过长，培养料变质，料内有较浓的氨臭味或酸味，菌丝萌发后难以吃料，菌丝后期变黄死亡。

（2）预防方法

①控制室内温度在25 ～ 28℃，最高不超过32℃；保持培养室通风透气，棒与棒之间留有空隙，以便料温发散；在高温天气要做好降温工作。

②培养料及时并彻底灭菌，防止培养料酸败，培养料常压灭菌保持100℃的灭菌时间不少于12h。

③避免使用有异味的培养料，调节培养料pH至7.5 ～ 8.0。

3. 菌丝生长缓慢

菌丝生长缓慢或菌丝呈索状菌丝无活力（图6-3）。

（1）发生原因

①培养料过细，装袋时压得过实，透气不好，菌丝缺氧，难以生长。

②培养料中含水量偏高，菌棒中下部料过湿，料内通透性不好，氧气不足，同时料底部有细菌滋生，料有异味，使菌丝生长缓慢或生长停止。

图6-3　菌丝前端粗索状，无活力

③袋内不透气，菌丝缺氧，多见于两头扎口封闭式发菌培养。

④培养室温度偏低，也会导致菌丝生长缓慢。

（2）预防方法

①培养料装袋时做到松紧合适，培养温度要适宜。

②配制培养料时要粗细搭配，既要保证营养均衡，又要保证透气。

③掌握好料水比例，培养料的含水量控制在62%～65%，如培养料过湿，可将料摊开晾至适宜含水量；菌棒培养时，如果发现菌棒水分过多，可将菌棒移至通风处培养。

④对于扎口的菌棒，当菌丝封面并向下生长至3～5cm后，可将袋两头的扎绳解开，松动袋口，透入空气，或刺孔通气补氧。

4.菌棒严重吐黄水、菌丝退化、自溶

（1）菌棒吐黄水

菌丝成熟后吐少量透明的黄水属于正常现象，但菌棒过早、过多地形成酱黄色的黄水则属于异常现象。

菌棒吐黄水症状：菌棒菌丝生长初期旺盛，长至菌棒1/2时或菌丝生长后期，袋口菌丝逐步泛黄，吐出黄水。黄水初期色浅，而后逐步变深，最后转为酱黄色。黄水严重时会从袋口流出，而且随着温度的升高而加剧。黄水大量产生时，隔绝了菌丝的正常呼吸，菌丝生长速度减慢，最终停止生长。菌丝长时间被黄水浸泡，会变得松软，菌丝自溶，最后感染霉菌。吐黄水的菌棒经常出菇少甚至不出菇（图6-4～图6-7）。

菌棒吐黄水原因：

①菌种原因。菌种菌龄过长、活力差，菌种退化、老化导致分泌黄水和有害物质，并引起隐性细菌感染。

图6-4　吐黄水（菌棒前中期）

图6-5　吐黄水（菌棒中后期）

图6-6　吐黄水（菌棒后期感染霉菌）

图6-7　吐黄水菌棒里面菌丝自溶（右菌棒）

②培养环境不适。菌棒培养期间环境温度忽高忽低，特别是培养中后期，菇棚温度过高、闷热，刺激菌丝生理变化。

③栽培原料堆沤发酵时间过长，原料过于腐熟。

④与袋口扎口方式有关。采用棉花塞或无棉盖体封口的不易产生黄水，采用扎口绳封口的，通透性差，容易出黄水。

⑤培养料含水量过高。

防控方法：

①选择适宜的品种，使用活力强的菌种，避免使用有黄水且菌丝退化的菌种。

②菌丝培养阶段控制菇棚温度在25℃左右，不高于32℃，并保持菇棚通风透气。

③不采用堆沤发酵腐熟程度过高的培养料。

④采用棉花塞、无棉盖体等通透性好的材料封口。

⑤一旦发现有吐黄水迹象，应及时松开袋口，加强通风，使袋口料面干爽，促进菌丝生长。当菌丝长满全袋后，搔去菌棒表面的老菌种块，直接进

入出菇管理。

（2）菌丝退化或自溶

菌丝退化或自溶症状：菌丝前期生长良好，但当菌丝长至培养基中下部时，接种处或料面的菌丝开始逐渐变弱、变稀，甚至消失，并逐渐向下发展。菌丝变稀自溶后的菌棒松软，菌料没有异味，但没有菌丝特有的香味（图6-8）。

图6-8 菌丝逐步退化自溶（由左至右）

菌丝退化原因：

①菌种退化，菌丝自溶。

②害虫咬食菌丝。

③培养料中有细菌、酵母菌等病菌，病菌侵染培养料，分泌有害物质造成菌丝自溶。

预防措施：

①选择优良的秀珍菇菌种。

②栽培过程中，培养室、出菇室要做好防虫措施。

③培养料要灭菌彻底。

二、菌棒杂菌污染问题与防控措施

广西冬季气温高，且冬、春季常有回潮天气发生，导致空气湿度和气温突然升高，气温不稳定。在这种气候条件下，秀珍菇对杂菌特别敏感，稍有不慎，菌棒污染就比较严重。

1.常见杂菌

秀珍菇生产中常发生的竞争性杂菌有木霉菌、链孢霉、根霉、环纹炭团菌等。这些杂菌适应性强、传播蔓延速度快，在菌丝阶段和出菇阶段均可发生。它们可在食用菌菌丝充分蔓延生长之前感染食用菌生长基质，同食用菌争夺生存空间和营养，有的还能通过分泌毒素抑制食用菌的生长，造成被污染的菌棒减产甚至绝收，导致鲜菇品质下降，给广大企业及农户带来严重的经济损失。

（1）链孢霉

链孢霉亦称脉孢霉、串珠霉，俗称红色面包霉，是秀珍菇最常见的竞争性杂菌之一。

形态特征：菌丝初为白色或灰白色，绒状，匍匐生长，分枝，具隔膜，后期逐渐变为红色或白色，并在菌丝上层产生红色或白色粉末。分生孢子卵圆形或球形，无色或淡色。有性繁殖产生子囊孢子，子囊孢子初期无色，后期变成褐色，有纵行叶脉花纹。

发生与危害：链孢霉在春、夏高温季节极易发生，在25 ～ 30℃下孢子6h即可萌发，菌丝生长迅速，3 ～ 4d菌丝即可长到袋口和袋底。菌丝细，色淡，不规则地向培养料内生长，氧气不足时只长菌丝不长孢子，而在通气好的袋口，气生菌丝很容易长出一些粉红（白）色分生孢子（图6-9、图6-10）。受潮的袋口或栽培袋破孔处更易被污染，还能长出成串的孢子穗，形同棉絮状。分生孢子为粉末状，数量大、个体小，随风传播，蔓延扩散极快。分生孢子也可随人体、衣物、工具等带入接种箱（室）、培养场所，传播力极强。

图6-9　红色链孢霉

图6-10　白色链孢霉

（2）木霉（绿霉）

常见的种类有绿色木霉和康氏木霉。

形态特征：木霉菌落生长初期为白色，致密，圆形，向四周扩展，菌落中央产生绿色孢子，最后整个菌落全部变成深绿色或蓝绿色。菌丝白色，透明有隔，纤细。分生孢子梗垂直对称分枝，分枝上可再分枝；分生孢子单生或簇生，圆形，绿色。康氏木霉分生孢子呈椭圆形或卵圆形，个别短柱状，菌落外观浅绿、黄绿或绿色。

发生与危害：木霉菌丝生长温度4 ～ 42℃，25 ～ 30℃生长速度最快；孢子萌发温度10 ～ 35℃，15 ～ 30℃萌发率最高，25 ～ 27℃菌落由白转绿只需4 ～ 5d，高湿环境对菌丝生长和萌发有利。菌丝生长pH 3.5 ～ 5.8，在pH4 ～ 5时生长最快；菌丝较耐二氧化碳，在通风不良的菇房内，菌丝能大量繁殖并快速侵染培养基、菌丝和菇体。木霉是侵害培养基料最严重的竞争性杂菌，常发生在秀珍菇菌种和栽培袋的培养基中，也侵染子实体，与秀珍菇争夺养分和生存空间（图6-11）。菌棒受其侵染后，养分被破坏，严重的使培养基全部变成墨绿色，发臭，变软，导致整批菌棒腐烂；子实体受其侵染后腐烂。

图6-11　木霉感染的菌棒

（3）环纹炭团菌

形态特征：环纹炭团菌俗称黑疔菌。子座半球形至瘤形，初期草绿色，后期咖啡色，最终变黑，炭质。子囊壳近球形，直径0.8 ～ 1.1mm；老熟的子囊孢子常破裂，裂开的子囊孢子显示有内、外两层壁，外层壁黑色、硬脆，内侧壁无色，膜质柔软。

发生与危害：环纹炭团菌在高温、高湿的条件下容易发生，孢子萌发需要空气湿度在95%以上，温度5 ～ 35℃，pH3 ～ 8，阳光直射、温度升高是诱发病菌感染的原因。该病菌在木质类栽培料上发生比较严重。菌棒被感染的部位，初期常为黄绿色的小菌落和分生孢子堆，菌落不断生长，多个菌落互相连接成大片的菌团，经过一段时间生长，黄绿色菌落逐渐消失，长出黑色子座，子座很快成熟，形成“黑疔”。感染环纹炭团菌的菌棒，菌丝连带的培养料成黑色并有成片的黑疔，用手触摸菌棒表面，有扎刺的感觉，菌丝生长受阻，菌棒报废（图6-12）。

图6-12　环纹炭团菌感染的菌棒

（4）根霉

根霉属于毛霉目、毛霉科、根霉属。危害食用菌最常见的根霉种类为黑根霉。

形态特征：根霉菌丝白色透明，无横隔，在培养基内形成葡萄状，每隔一段距离长出根状菌丝，称之为假根。假根发达，分枝多，褐色，能从基质中吸取水分和营养物质。孢子形状不对称，近球形、卵形或多角形，表面有线纹，褐色或蓝灰色。

发生与危害：根霉是喜高温的竞争性杂菌。根霉的繁殖温度是25 ～ 35℃，20℃以下菌丝生长速度下降。pH4 ～ 7的条件下，菌丝生长较快。秀珍菇菌棒被根霉侵染后，2 ～ 3d内菌棒中长满灰白色发亮的、参差不齐的菌丝。后期形成孢子后，在培养基表面出现许多圆球状小颗粒，小颗粒初为灰白色或黄白色，再转变成黑色，到后期出现黑色颗粒状霉层，侵占培养料，争夺营养，使秀珍菇菌丝失去营养，生长减弱或受抑制（图6-13）。

图6-13　根霉感染的菌棒

2. 菌棒污染原因

（1）基质酸败

常因原料中木屑、麦麸等霉烂、变质或培养料含水分量过高、拌料、装袋时间拖长，为附着在料中的杂菌滋生创造条件，因而引起料袋发酵酸败。

（2）灭菌不彻底

症状：成批菌棒污染，污染的菌棒各个部位，特别是中间部分污染，开始星星点点分布，后拓展成片（图6-14）。

原因分析：培养料没有完全吸水，料内有生芯；灭菌过程中没有排尽冷空气，灭菌锅中始终被冷空气占据一部分，导致没有良好的热循环；灭菌时间不足；灭菌过程出现停水；锅内菌棒摆放过多过密，没有形成良好的热循环。

图6-14　灭菌不彻底造成整批菌棒感染

（3）料袋破漏

症状：在菌棒破口或微孔处感染。

原因分析：原料中混杂有粗尖木屑等原料，装袋时刺破料袋；菌棒扎口过紧造成气压膨胀破袋或塑料袋变薄，引起杂菌侵染。

（4）菌种造成的污染

发生症状：被污染的部位经常为菌棒上面部分或接种口菌种处，接种后被污染的菌棒常集中在一处（图6-15）。

发生原因：菌种不纯本身带有杂菌，多袋菌种混合在一起更容易发生；菌种老化，萌发率低、抗性差，接种口容易被杂菌感染；接种前，菌种表面没有做消毒处理，携带杂菌；接种后袋口没有封好，有缝隙，菇蝇、菇蚊进入并传播杂菌。

图6-15　菌种造成的菌棒感染

（5）培养环境不适宜造成的污染

发生症状：菌丝吃料后在菌棒封口处或菌棒中间发热，链孢霉、青霉、木霉等杂菌污染严重。

发生原因分析：培养场所不卫生，四周靠近厕所、畜禽舍或食品酿造企业之类的微生物发酵工厂；有的养菌场所简陋，空气不对流，二氧化碳浓度高；有的因培养场地潮湿或受雨水淋湿；有的翻堆检查时检出的污染袋没有妥善处理，造成环境污染；培养环境高温、高湿，通风不良，导致闷热；菌棒摆放过密，无法散热；下雨天湿度大或回潮天气接种（图6-16、图6-17）。

图6-16　回潮天菌棒感染链孢霉

图6-17　菇棚高温闷热菌棒感染链孢霉

（6）管理环节失控造成污染

菌棒培育期间气温较高，菌丝体自身代谢引起菌温上升，加上叠堆过紧，堆温增高，气温、堆温和菌温“三温”没妥善处理，造成高温，致使菌丝受到损害，出现菌丝变黄、变红，菌丝长势变弱，杂菌侵入感染。

(7) 质量检查和控制不到位

菌棒翻堆检查过程中工作马虎，未及时处理有杂菌侵染或疑似被虫、鼠咬破的菌棒，以致蔓延。特别是接种穴口的杂菌侵染，会很快互相传播，导致成批菌棒污染。

3. 杂菌污染的防控措施

(1) 生产环境

维持制包、接种、培养等场地环境清洁干燥，无废料和污染料堆积。拌料装袋车间应与无菌室有空间隔离，防止拌料时产生的灰尘落到灭过菌的菌棒上。场地使用前先用石灰消毒，再用烟雾剂熏蒸消毒（6-18）。

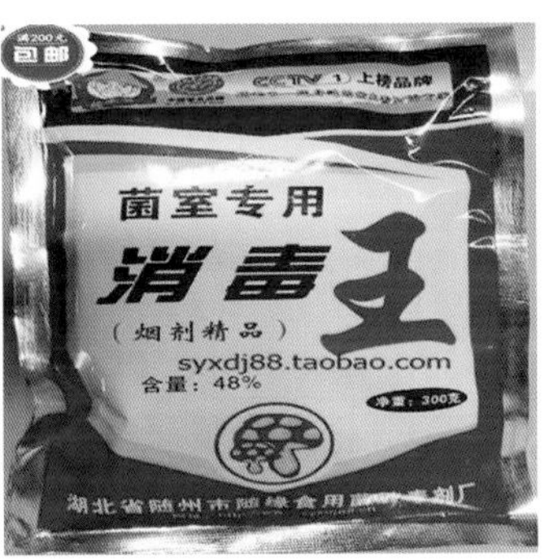

图6-18 场地消毒的常用药剂

(2) 原料

要求原料新鲜，无霉变、无虫口、无异味，最好堆置发酵3 ～ 5d，或拌料时添加防霉药剂或增抗剂，抑制杂菌生长，减少污染。选择优质塑料袋，避免使用破袋和微孔料袋。

(3) 菌种及接种

选择优良的菌种，而且菌种使用前须严格检查。不能在雨天、空气湿度大的回潮天气、闷热天气接种，选择在天气晴朗且凉爽的时间接种。

(4) 灭菌

料袋装好后4h内及时灭菌，避免原料酸败，常压灭菌时间要充足，保证时间在12h以上。

(5) 培养条件

菌棒培养室（大棚）通风透气，干燥、阴凉、弱光，室内空气相对湿度60%～ 70%，避免高温、高湿，温度维持在23 ～ 28℃，避免温差过大。

（6）及时检查和妥善处理被污染的菌棒

轻度污染的菌棒应及时处理，重新装袋灭菌；污染严重的集中深埋，防止病菌孢子扩散。

（7）防控措施

链孢霉防控措施：菌种瓶棉塞或料面发现链孢霉时，立即淘汰；在栽培袋料内发现有链孢霉时，及时将菌棒排开，通风散热，用75%甲基硫菌灵可湿性粉剂500倍液注射污染部位，用手按揉使药液渗透，然后用胶布封堵针眼。栽培袋口发现少量分生孢子时，可用柴油或煤油涂擦，迫使其萎缩致死。链孢霉极易扩散，当菌棒受其污染时，最好用塑料袋裹住，套袋控制蔓延，切不可到处乱扔，以免污染扩散。

环纹炭团菌防治：在发病初期使用浓度为500μg/mL的噻菌灵、咪鲜胺1 000倍液喷雾，抑制环纹炭团菌子囊孢子萌发和菌丝生长。

三、秀珍菇黄斑病症状与防控措施

1.黄斑病危害及发病症状

黄斑病是秀珍菇主要病害，一般在高湿、闷热的条件下容易引发该病，特别是在夏季反季节栽培中，第一潮出菇时发生尤其严重，第二潮以后也会有零星发生。秀珍菇反季节栽培时，由于菇棚内菌棒墙式密集排放，打冷后要闷棚催蕾，常常通风不良；同时，出菇管理阶段用水频繁，菇体表面常积有游离水，菇体长时间呈湿润状态，在出菇密集，菇表多余水分不能很好散发时，常常暴发黄菇病。该病病情恶化快，菇体一旦染病，通常数小时内便出现明显的发黄病斑症状，0.5 ~ 1d就能殃及整潮菇。第一潮发病率一般为5% ~ 20%，高的达60%，最严重的甚至整个菇房100%菌棒发病（图6-19）。

图6-19　黄斑病大面积暴发成灾

该病多从菌盖表面开始发生，特别是菇盖的下凹处及下垂部位，从幼菇期到成熟期都有可能发病。该病开始只侵害表面细胞，不深入菌肉危害，感病后的菇盖或菌柄局部呈黄色，严重时菇体全部呈焦黄色，导致浅色菇变成黄色菇，菇体生长缓慢，逐渐僵化直至整株干巴收缩，菌褶常扭曲，属典型的干腐病（图6-20）。若受害菇体出现局部淡黄色斑点，且多从菌盖边缘向内蔓延扩散，发病部位有黏湿感，并产生腐烂，病情严重后，病菇全部呈淡黄色水渍状腐烂，并有黏稠状分泌物，散发出恶臭，则为典型的湿腐病（图6-21）。

图6-20　黄斑病危害症状（干腐型）

图6-21　黄斑病危害症状（湿腐型）

2. 黄斑病病原菌及生物学特性

秀珍菇黄斑病发生严重，目前对该病病原菌的报道较少。袁卫东（2018）研究认为，引起浙江秀珍菇黄斑病的病原菌为恶臭假单胞菌。也有研究认为秀珍菇黄斑病病原菌为假单胞杆菌（郭倩，1994）。近年，对广西秀珍菇主产区发生的黄斑病进行了分离鉴定，鉴定发现引起广西秀珍菇黄斑病的病原菌主要为奈氏西地西菌（*Cedecea neteri*）（Liu Zeng liang，2021）。

奈氏西地西菌的适宜生长温度为20 ~ 35℃，最适温度是28℃；适宜生长pH 5.0 ~ 10.0，最适宜pH 8.0；适宜生长盐度为0 ~ 15mg/mL，最适宜的盐度为5.0mg/mL。

3.黄斑病防控措施

黄斑病暴发快，一旦发生很难防治，生产中主要以预防为主。主要防控措施：

①适宜菌龄出菇，菌棒菌丝达到生理成熟后方可出菇，如反季节秀珍菇的菌龄为80 ~ 100d较好。

②出菇期间，加强通风换气，空气相对湿度不能超过95%，喷水以少量多次为主，减缓病害传播。

③喷杀菌剂预防。出菇前结合喷水对场地空间、菌棒表面、开口处进行喷雾消毒杀菌。药剂交叉使用，避免产生抗药性。

④发现病菇及时清除，去除病源的同时减少营养损耗。

四、出菇期间常见问题

1.不出菇或出菇不整齐

(1) 症状

同一批菌棒菌丝生长正常，菌丝发满袋后进行出菇管理，但袋口始终不现菇蕾，有的菌棒虽能出菇，但出菇不整齐（图6-22 ~图6-25）。

图6-22　菌丝吐黄水且自溶不出菇

图6-23　袋口表面干不出菇

图6-24　无黄水正常出菇的菌棒

图6-25　吐黄水难出菇的菌棒

（2）发生原因

①品种：一是品种不适宜，常规栽培时，冬季栽培误选中高温品种，春夏栽培误选用低温品种。二是菌种严重退化。三是养菌时间不足，营养积累和生理成熟度不够。不同品种，菌丝成熟期不同，生育期长的品种，菌丝虽然已经长满袋且有少量透明黄水，但是菌丝还未达到生理成熟，温差刺激后仍不能出菇。如台秀57在菌龄50 ～ 60d时，经常会出现打冷后不出菇、少量出菇或推迟出菇的现象，但菌龄80 ～ 100d时，基本都能正常出菇。

②温差（温度）：一是自然出菇的品种出菇期间遇到连续高温或连续低温，没有温差或昼夜温差过小。二是菌棒“打冷”温度不够低或低温处理时间过短，未达到诱导原基发生的需冷量。三是菌棒温差刺激不均匀，菌棒在冷库中叠放过紧，造成中间与边缘处理不均匀，温差刺激程度不够，造成出菇不齐。

③原料及营养：一是培养料中含氮较丰富的物质（麸皮、米糠、尿素等）添加过多，培养料C/N不当，营养生长过剩，出现菌丝徒长，不利营养生长转入生殖生长，出菇推迟。二是菌棒未达生理成熟或转潮养菌时间不足，导致出菇少甚至不出菇。

④水分：一是菌棒袋口表层失水板结，导致原基难以形成而不出菇。二是采收后的转潮养菌期间湿度过大，造成袋口表面菌丝徒长形成菌皮，导致不出菇。三是喷水或浸水过程中吸水不均匀，导致有的菌棒表面培养料或内部含水量不足，造成出菇不整齐，有时表现为仅在相对较湿润的袋口下沿或边缘出菇。四是培养基含水量不足，配料时培养基水分添加不足，或发菌期间气温过高，养菌室光照直射等，引起袋内水分散失，使得基质含水量不足，水分仅能满足头潮菇生长的需要，二潮菇以后菌棒出现失水，导致出菇逐渐减少。

⑤病虫害：病、虫危害使菌丝消退或腐烂，无法出菇。

⑥药害：出菇前使用敌敌畏、敌百虫等挥发性强的农药，产生药害引起不出菇。

（3）预防措施

①品种：一是根据气候和自身栽培条件选择适宜的品种。顺季节栽培的农户应选择不需要人工温差刺激出菇的常规秀珍菇品种，夏季反季节栽培的农户可选择反季节秀珍菇品种。二是栽培选择优良的菌种，退化和吐黄水的菌种不能使用。三是不同的品种菌丝成熟期不同，出菇时必须根据菌丝的成熟度进行出菇管理。

②温度：一是菌棒菌丝成熟后，创造一定的温差条件促进菇蕾形成。二

是打冷催蕾处理时，菌棒不能叠放过紧，尽可能使冷气分布均匀，使菌棒各部位均匀得到冷刺激。三是打冷时需保证能够诱导原基发生的冷环境，即在足够低的温度下（8 ～ 10℃）保持14h左右。

③原料：一是在配制培养料时，含氮高的原料不宜过多，麦麸不能超过25%，培养料C/N宜为（20 ～ 25）：1。二是原料营养过于丰富，菌丝生长浓白甚至出现菌丝徒长时，应当延长菌丝培养时间，直至菌丝由浓白开始转入黄白色及生理成熟时，方可出菇。三是拌料要均匀，严防由于营养分布不均，引起出菇不均。

④水分：一是菌料表面板结或老化的菌棒，需先搔菌再进行出菇管理，栽培后期的菌棒可在另一端开口出菇。二是打冷前提前1 ～ 3d对菌棒及菇棚喷水，让料面湿润有弹性，特别是出第二潮菇及以后的菌棒，确保袋面菌丝湿润后，再打冷出菇。三是菇棚上、下架菌棒喷水要均匀。四是配制培养料时，培养料含水量应控制在65%左右，不能低于60%。养菌期防高温，防光照射。

⑤病虫害：若发生虫害、病害导致袋口菌丝腐烂或消退，应及时将腐烂或消退部分截去，余下菌丝正常的部分可继续出菇。

⑥药害：施药防治病虫害时，出菇前及时通风排出药味，同时结合喷水冲洗菌棒。出菇前15 ～ 20d切忌使用秀珍菇敏感的敌敌畏、敌百虫等挥发性的药剂。

2.袋壁菇或侧生菇

（1）症状

子实体不在菌棒袋口出菇，而是在菌棒里面壁或菌棒口周边出菇，形成“侧生菇”（图6-26、图6-27）。

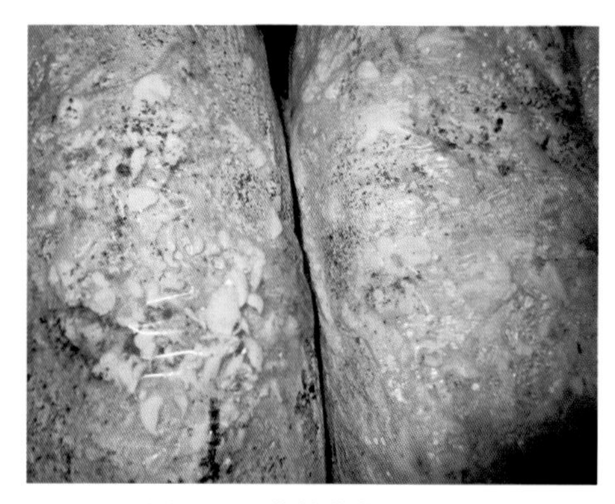
图6-26 菌棒的袋壁出菇

图6-27 菌棒口周边出菇

（2）发生原因

①由于培养料装袋时不够紧实，料壁之间出现间隙，子实体从料壁间隙形成。

②原料质地较疏松，随着秀珍菇生长发育，基质降解、营养消耗，培养料快速收缩，导致料壁分离形成间隙。软质培养料更明显，待菌丝生理成熟，遇到降温，会出现较大的间隙，这时供氧状况相对较好，在低温及光照条件诱导下，易出现侧生菇。

③出菇管理期间，水分管理不当，培养料严重失水干缩，导致料壁分离形成间隙。栽培后期菌棒变软出现侧生菇；袋口水分不足，但袋内或袋壁相对湿润，打冷后产生侧生菇。

（3）防控措施

①培养料装袋时要求紧实、均匀。

②选用合适的原料和配方，采用质地较疏松的原料时，可适当添加填充料以提高培养料的抗收缩能力。

③选用能随着培养料同步收缩的栽培袋，如选用不易变形且灭菌后能紧贴培养料的聚乙烯塑料袋。

④加强水分管理，防止袋口培养料表面干燥板结或干缩。出菇前喷水要足，保证出菇时袋口表面湿润，确保袋口出菇均匀。

3.常见生理性病害（畸形菇）

（1）症状

秀珍菇子实体生长期间，遇到不良环境和条件，使子实体不能正常发育，便会产生各种各样非正常子实体的畸形菇（图6-28～图6-31）。

图6-28　菌盖扭曲畸形

图6-29　无盖菇

图6-30　卷边菇

图6-31　长柄菇

（2）发生原因

出菇环境温度过高、过低；环境通风不畅，二氧化碳、氨气等有害气体浓度过高；培养料含有有害物质；出菇室使用农药或生长激素浓度高等因素。

（3）防控措施

出现畸形菇后，及时摘除畸形菇，减少营养损耗；及时改善出菇房的通风条件，出菇期间要保证菇棚内空气新鲜，避免闷热；出菇前15 ~ 20d菇棚内切忌使用敌敌畏、敌百虫等对子实体有影响的挥发性农药。

4.死菇

（1）症状

现蕾后，原基或子实体久久不发育，经过1 ~ 2d，子实体逐渐萎黄枯死或腐烂死亡。

（2）死菇原因

①温度：原基形成后，气温骤然变化，出现持续高温闷热或持续低温，导致菌柄停止向菌盖输送养分，使菌蕾逐渐枯萎死亡（图6-32、图6-33）。

图6-32　热风造成死菇

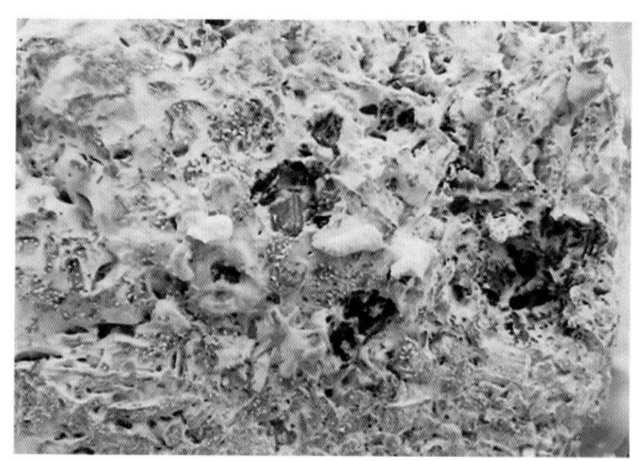

图6-33　冬季北风吹造成死菇

②湿度与水分：培养料水分不足或空气相对湿度过低，菇体失水；湿度过大，菌丝或菇表面积水，菇呈水渍状，后期腐烂；喷水过猛，原基松动。

③通风：菌棒现蕾后，掀薄膜通风过快，棚外有强热风或强冷风进入，造成子实体突然水分失衡，导致死菇。

④营养不足：在菌丝尚未长满（未达到生理成熟）就现蕾出菇，幼菇得不到养分供应，萎缩死亡；料面出菇过多过密，群体营养不足，致使幼菇死亡。

⑤病虫害：黄斑病危害，造成大批死菇；被虫危害的菌棒，菌丝断裂，营养和水分无法供给，造成小菇死亡。

（3）预防措施

①菇蕾形成后，不宜有过大的温差变化，如遇到高温，可通过向屋顶或菇棚顶部喷水降温，棚内温度控制在30℃以下；如突然遇到强降温天气，关闭菇棚门窗保温。

②制作菌棒时，培养基含水量应调到60%～65%；出菇期间，空气相对湿度应控制在85%～90%，喷水要轻，细雾多次，防止菌棒表面积水。

③出菇期，掀膜通风要逐步进行，不可一次性掀开，同时要防止热风或冷风长时间直吹菇蕾。

④依据菌棒成熟的标准，待菌丝完成生理成熟后，再喷水出菇。

⑤被菇蚊、菇蝇危害的菌棒，前端菌丝退化或断裂，造成菌棒前面部分腐烂。出菇时应截掉菌棒前端部分。发生黄斑病时，要参照黄斑病的防控方法及时防控。

5.菌棒出菇期严重感染绿霉

（1）症状

主要发生在菌棒出菇早期（一般在3—5月），出菇1～2潮后；菌棒感染青霉、木霉后，菌棒有绿色霉菌菌斑（图6-34）。

图6-34　菌棒出菇期严重感染绿霉

(2) 发生原因

出菇后，没有及时清理小菇和菇脚，菇棚没有及时通风，环境湿度太大，造成菌棒口不干爽，感染青霉。

(3) 预防措施

采菇后及时清理菇脚，并加强通风，让料面干爽。如发现少量菌棒口出现感染，及时撒施石灰粉或用高效绿霉净喷雾，将严重感染的菌棒移出培养架，防止感染其他菌棒。

五、常见虫害及防控措施

秀珍菇栽培中常见的害虫有菇蚊、菇蝇、螨类、夜蛾，其中以菇蚊危害最为严重。

1. 菇蚊

(1) 生活习性

菇蚊，包括菌蚊科、眼蕈菌蚊科、瘿蚊科、粪蚊科等，属于双翅目害虫，是秀珍菇生产中的主要害虫之一（图6-35）。

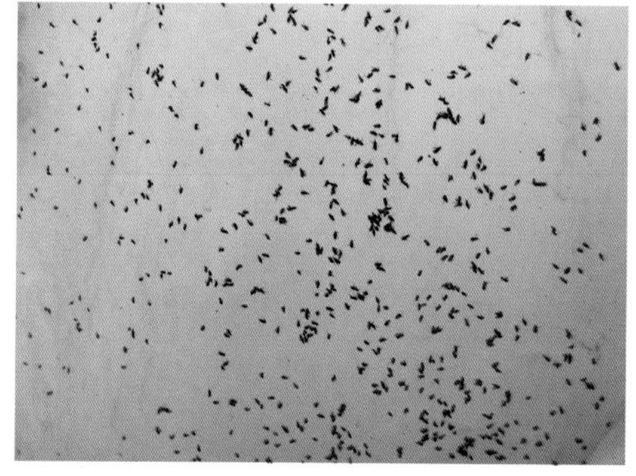

图6-35　菇蚊的形态特征

(2) 发生与危害

3—6月是菌蚊的繁殖高峰期。菌蚊侵入菌棒产卵，成虫产卵量为100 ~ 250粒，4 ~ 5d后卵孵化成丝状幼虫。幼虫群集在水分较多的腐烂培养料内，边取食边向料内、菇体内钻蛀；老熟幼虫爬出料面，在袋边或菇脚处结茧化蛹。菌蚊幼虫主要通过咬食秀珍菇菌丝和原基为害，严重发生时可将菌丝全部吃光，造成“退菌”，使料面发黑变臭，造成菌棒无法出菇（图6-36）。

图6-36 菌蚊的危害症状

(3)防控措施

秀珍菇害虫防治应遵循以“预防为主，综合防控”原则。

环境方面：

①场地要求：选择清洁干燥、向阳的栽培场所。栽培场地周围50m范围内无畜禽养殖场、无水塘、无积水、无腐烂堆积物，这样可有效减少菌蚊危害。

②环境卫生：做好菇房及周围的环境卫生，减少虫源。及时清除菇棚周围废弃菌棒、杂草、垃圾等，可减少成虫栖息活动场所，栽培场所要经常消毒，保持清洁卫生。

③残次菇清理：每潮出菇采收后，及时清理残次菇、菇脚、死菇及有虫菌棒，可有效减少害虫在菇棚内滋生传播。

物理防治：利用高温消毒、悬挂黄板、杀虫灯诱杀、防虫网等方法降低虫口密度。

①原料严格发酵，通过培养料发酵产热，杀死栽培原料中隐藏的害虫及虫卵，并严格控制发菌质量，提高菌丝密度及活力，减少内生性虫源。

②安装防虫网：菇房门窗和通气孔要安装60 ~ 80目防虫网，阻止成虫飞

入，防虫网上面定期喷施植物源药剂，如除虫菊酯或阿维菌素等，阻隔和杀灭飞入的菌蚊。

③吊挂黄板：利用害虫有强烈的趋黄性特点，一般按照每100m^2悬挂10 ～ 20块15cm×25cm专用黄色粘虫板的密度，在大棚内悬挂黄板（图6-37），当黄板上成虫数量在100只以上时，选择专用杀虫剂在出菇间歇期防治。

④安装杀虫灯：利用频振杀虫灯、黑光灯、高压汞灯、双波灯诱杀害虫，在成虫羽化期，菇棚内上空每间隔10 ～ 15m挂1盏杀虫灯，夜间开灯诱杀（图6-38）。

图6-37　菇棚挂黄板

图6-38　悬挂灯光诱杀菇蚊

药剂防控：秀珍菇菌丝和子实体特有的菇香味，是菇蝇、菇蚊比较喜欢的，所以秀珍菇遭受虫害程度比一般平菇品种严重。当虫口密度很大时，必须结合一定的药剂防治。秀珍菇子实体生长期短，出菇期间禁用农药，提倡在出菇间歇期，喷洒或熏蒸低毒高效的药物，同时交替使用不同药剂进行预防性杀虫（图6-39）。

图6-39　转潮期间喷洒或熏蒸药物

①菇房使用前消毒。用80%的敌敌畏乳油800倍液喷洒，结合烟熏消毒剂对菇棚进行闷棚熏蒸消毒。

②原料发酵或配制拌料时，喷洒药剂。栽培原料堆置发酵时喷施4.3%高氟氯氰·甲维盐乳油（4%高效氟氯氰菊酯＋0.3%甲氨基阿维菌素苯甲酸盐）或25%除虫菊酯2 000倍液，消灭料内幼虫，防止成虫产卵。未发酵的原料在配制培养料时，可用敌百虫、灭幼脲等拌料。

③菌丝养菌及出菇前用药剂杀虫。菌丝培养期间，在棚内气温超过15℃

时，如发现有菇蚊，定期（隔7 ~ 10d）喷洒食用菌专用杀虫剂，进行预防性杀虫。秀珍菇菌棒开口出菇前进行1次喷药杀虫，可用阿维菌素+啶虫脒+灭幼脲配水喷洒，杜绝虫源。

④出菇间歇期，喷药防虫。在出菇期密切观察菇房和菌棒害虫发生动态，当发现袋口或料面有少量菌蚊成虫活动时，结合出菇间歇期及时用药将虫源消灭。反季节秀珍菇出菇打冷前可进行杀虫闷棚，摘菇后清理菇脚（图6-40），再闷棚防治1次虫害。

图6-40　清扫菇脚

多种类轮作，切断菌蚊食源：选用菌蚊不喜欢取食的菇类（如香菇、鲍鱼菇、猴头菇）与秀珍菇轮作栽培，用此方法栽培两个季节，可使该区内的虫源减少或消失。有条件的栽培场地3 ~ 5年更换1次。

2.菇蝇类

危害秀珍菇的蝇类包括蚤蝇、家蝇、黑腹果蝇。

（1）生活习性

气温15 ~ 35℃的3—11月为菇蝇活动期，尤其在夏、秋季（5—10月）进入为害高峰期。菇蝇喜高温、潮湿环境，成虫和幼虫都喜欢取食潮湿、腐烂、发臭的食物，在腐烂的子实体以及发酵腐熟特别是有异味的培养料上取食和产卵，幼虫孵化后取食菌丝、子实体，老熟后爬至较干爽的菌棒表面化蛹（图6-41）。

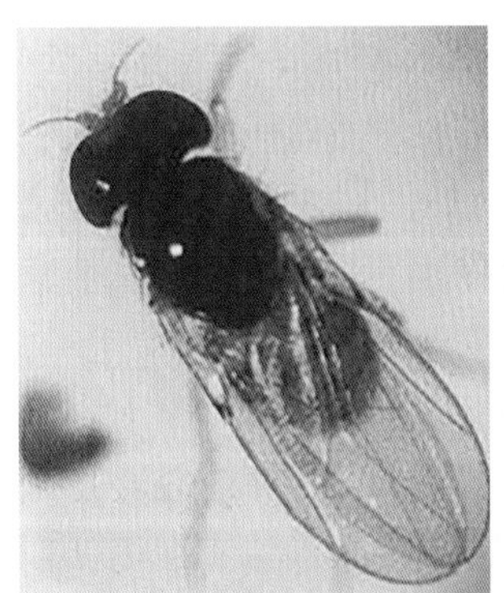

图6-41　菇蝇成虫（左）和幼虫（右）为害情况

（2）为害症状

秀珍菇在发菌期极易遭受幼虫蛀食，菌棒内菌丝被蛀食一空，只剩下黑色的培养基，致使整个菌棒报废。菇蝇可随培养料进入菇房，也可在菇房通风时进入菇房。菇房的菇香味和烂菇味对菇蝇都有很强的吸引力。幼虫也能从秀珍菇子实体基部侵入菌柄蛀食，形成孔洞和隧道，使菇体萎缩变褐色，枯萎而死亡。

（3）防治方法

参照菌蚊的防治方法。

3. 螨虫

螨虫又称菌虱。为害食用菌的螨类种类繁多，分布广泛，腐生性很强，在土壤、各种秸秆皮壳、糠皮、饲料上生存，鸡舍牛棚、垃圾场等场所都有大量螨虫（图6-42）。

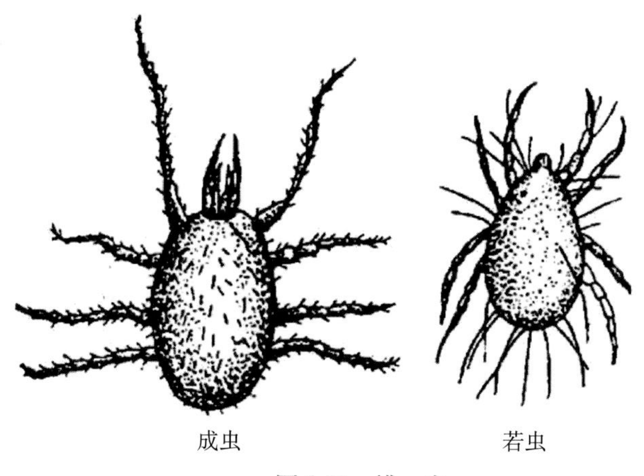

图6-42 螨 虫

（1）生活习性

螨类从幼螨、若螨到成螨的成长过程中均可取食为害。螨虫喜高温，15 ～ 38℃是繁殖高峰。当温度在5 ～ 10℃时，虫体处于静止状态，在温度上升至15℃以上，虫体开始活动。繁殖力极强，在适宜的环境条件下约15d就可繁殖一代。螨虫喜欢阴暗、潮湿、温暖的环境。

（2）发生与为害症状

食用菌栽培中的螨源主要为培养料，螨虫通过培养料进入菌床、菌棒、子实体。螨虫取食多种食用菌的菌丝体和子实体。菌丝培养期遭受螨虫为害，造成退菌、菌棒变黑松散，难出菇；螨虫还会携带病菌，导致菇床或菌棒感染病害，致使菌棒报废。为害子实体时，多从菌柄基部蛀入，逐渐向上钻蛀，能将整个菌柄蛀空，菇体干枯死亡，或在子实体表面形成不规则的褐色凹陷斑点。螨虫能以成虫和卵的方式在菇房层架间隙内越冬，在温度适宜和养料充分时继续为害。菇房一旦出现螨虫后，连续几年都易出现螨虫为害。有螨虫为害的菇房，工作人员常常会脸上发痒，敏感人群会因此出现过敏性皮炎。

（3）防控方法

①选用优质无螨虫菌种。种源带螨是导致菇房螨害暴发的主要原因。菌种培养、储存环境要清洁干净，严格把好菌种关，勿使菌种带螨。

②栽培场地环境卫生及消毒。菇房要远离原料仓库、禽畜场舍、垃圾站等，菇房周围不能随便堆放杂物和废料。菇房在使用前，搞好菇房及周围环境卫生，同时可以用杀螨剂（克螨特、阿维菌素、哒螨灵等）对菇棚进行喷洒，并结合菇棚熏蒸消毒，以杀死藏在菇房中的有害螨类，减少虫源。

③选用安全高效杀螨剂喷洒。菌丝培养和出菇管理期出现螨虫时，在子实体采收结束后（转潮期间），用甲氨基阿维菌素、克螨特等杀螨药剂喷洒菌棒和菇场。

④诱杀。可将动物骨头烤香后，放置在发菌室或出菇场所，等螨虫聚集在骨头上时，将其投入开水中烫死，然后将骨头捞起再用。也可在菇棚架子上每隔一定距离放几片新鲜烟叶，利用烟叶的独特香味引诱螨虫，当烟叶上聚集螨类后，取下烟叶烧掉，换上新的烟叶继续诱螨。

4.夜蛾类

（1）生活习性

夜蛾以蛹的形式越冬，翌年温度上升至16℃以上时，成虫开始在培养料和菌盖上产卵，幼虫3龄后进入暴食期。夜蛾一般5—6月开始出现，7—10月是暴发期。夜蛾幼虫喜欢高温，在温度30～37℃的大棚内均能正常取食（图6-43）。

图6-43　夜　蛾

（2）为害症状

夜蛾以菌丝和菇体为食。如幼虫咬食秀珍菇子实体，将菇片咬成缺刻、孔洞并污染上粪便。在无菇可食时，幼虫也咬食菌丝和原基，使菌棒无法出菇。

（3）防控方法

在夜蛾为害时期，要常检查菇体背面，在量少时人工捕捉，量大时用1 000倍菇虫净或灭幼脲喷雾。

（4）药剂防治时注意事项

①用药原则：选择生物农药或广谱、低毒、残留期短的药剂，如灭幼脲、福美双、百菌清、氯氰菊酯、阿维菌素等。用药时期应在未出菇或每批菇采收结束后进行，严禁在子实体生长期用药。

②农药要求：使用的农药必须经过农业农村部农药检定所登记，严禁使用未取得登记和没有生产许可证的农药，以及无厂名、无药名、无说明书的伪劣农药。

③用药方法：使用农药时要做到“四不能”，一是不能超出规定的使用范围，即要熟悉病、虫种类，了解农药性质，按照说明书规定的防治对象范围使用；二是不能盲目提高使用浓度和用药量；三是不能长期使用一种农药，使病虫产生抗性，要交替轮换用药；四是出菇期不能使用农药。

④注意安全：配药喷药人员要戴好胶皮手套，严禁用手拌药；戴口罩，防治吸入农药。

第七章

秀珍菇采收与采后商品化处理技术

一、秀珍菇采收标准

秀珍菇子实体菌盖直径为3 ～ 4cm，菇盖边缘内卷，颜色由深逐渐变浅，孢子未弹射之前（即八成成熟时）应及时采收（图7-1）。采摘时应遵循“先熟先采，采大留小”的原则，根据成熟度每天采收3 ～ 5次。温度高于28℃时，子实体生长快，应24h轮班采收，保证产品质量。

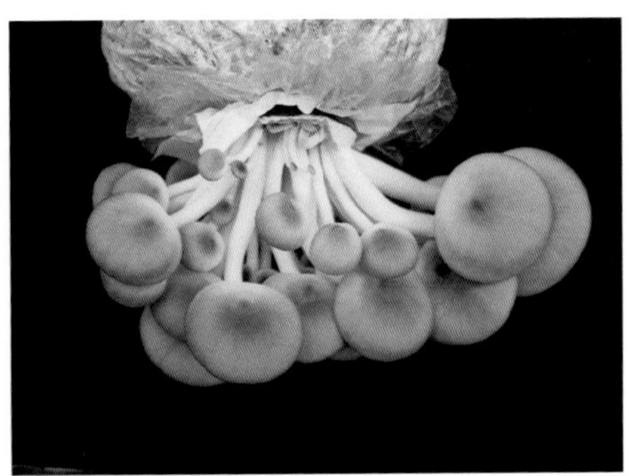

图7-1　适宜采摘的秀珍菇

二、采收技术规范

1.采收工具及容器要求

采收人员应戴洁净乳胶手套，用不锈钢剪刀进行采收，并用洁净塑料周转筐盛装鲜菇。塑料筐符合《食品塑料周转箱》(GB/T 5737—1995)规定，筐底有网格通气，盛装量≤5kg，防止互相挤压，子实体破损，影响品质（图7-2、图7-3）。

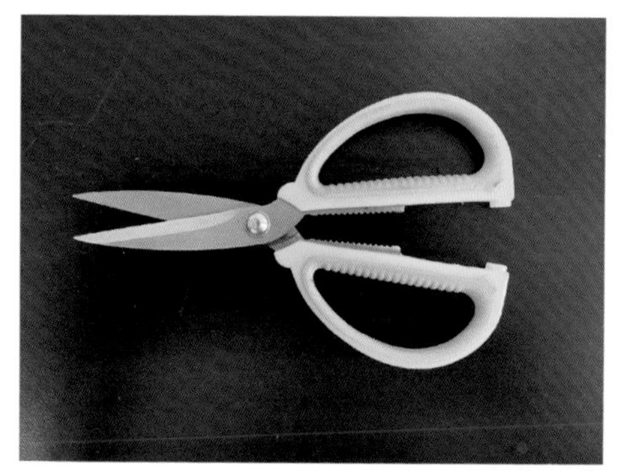

图7-2 不锈钢剪刀

图7-3 洁净周转筐

2.采收前的水分管理

秀珍菇大部分是鲜销，所以菇体外观形态特别重要。商品性状优良的子实体表现为，子实体表面有光泽、饱满、湿润，没有干黄现象。水分适度是保持外观的重要条件，子实体含水量过高，容易腐烂，不易保鲜或脱水加工时会变色，色泽不好，商品价值低；水分过低，子实体保鲜时经预冷处理后水分损耗，容易变干，包装时菌盖边缘容易开裂。因此，采前应根据天气情况进行水分管理，一般采收时提前1 ~ 2h喷雾状水，保证菇体含水量为90% ±1%。当环境湿度在90%以上，菇体表面湿润时，不必喷水。

3.采收方法

采收时一手捏住菌盖，一手用剪刀从距离菌棒料面0.5 ~ 1.0cm处略高的菌柄基部处剪下子实体。单生菇宜采大留小，丛生菇宜整丛采摘。采下的鲜菇放入塑料周转筐内，整个过程应轻拿轻放，减少菇体损伤，有病斑或虫食损伤的子实体应单独采收并分开盛装，避免病害交叉感染和降低鲜菇等级（图7-4）。

图7-4 采摘秀珍菇

三、预冷处理

1.冷藏设施及冷藏原理

根据栽培面积的大小和鲜菇产量，确定建造冷库（保鲜库）的面积，冷库容量通常以能容纳鲜菇3 ～ 5t为宜（参见第四章）。

冷藏保鲜的原理是，通过降低环境温度来抑制鲜菇的新陈代谢和抑制腐败微生物的活动，使之在一定时间内，保持产品的鲜度、颜色、风味不变。秀珍菇组织在4℃以下基本停止活动，因此保鲜库的温度以0 ～ 4℃为宜。

2.预冷处理

预冷方法：一般采用强制通风预冷方式，盛装菇体的周转筐“十”字形交错堆码摆放，依据塑料筐的高度，一般堆6 ～ 10层。周转筐与冷风机间的距离应不少于1.5m，距离墙壁0.2 ～ 0.3m，垛间距离不少于0.6m，保证冷气循环良好（图7-5）。

预冷要求：采下的子实体宜在30min内运入冷库进行预冷处理，以抑制子实体色泽变化和水分蒸发。预冷冷库温度宜保持在1 ～ 3℃，预冷时间3 ～ 4h，待子实体中心部位温度降至与冷库温度相同时，即可分级包装。鲜菇在0℃以下会产生冻害，因此库温一般不宜低于0℃。

图7-5　秀珍菇预冷

四、采后分级

挑拣出采摘时混杂的畸形菇、病虫菇、烂菇、损伤菇、培养料杂质，剪去过长的菌柄，根据秀珍菇等级要求分级。秀珍菇一般分为一级（A级）、二级（B级）、三级（C级），有时还分有特级菇，具体分级标准见表7-1（图7-6 ～图7-11）。

图7-6　特级菇

图7-7　采收过迟的子实体

图7-8　大小不一，好、次菇混装的子实体

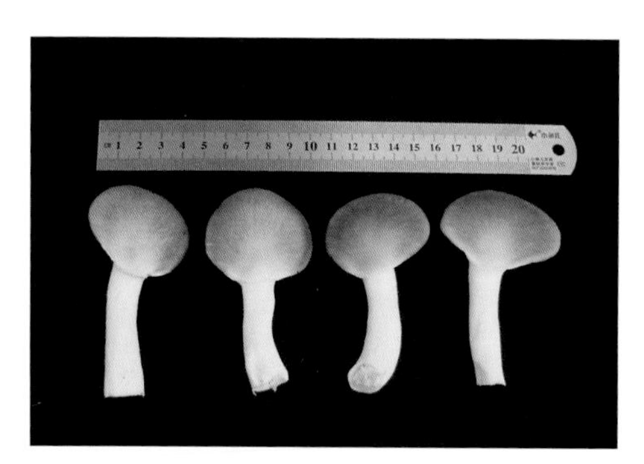

图7-9　A级菇

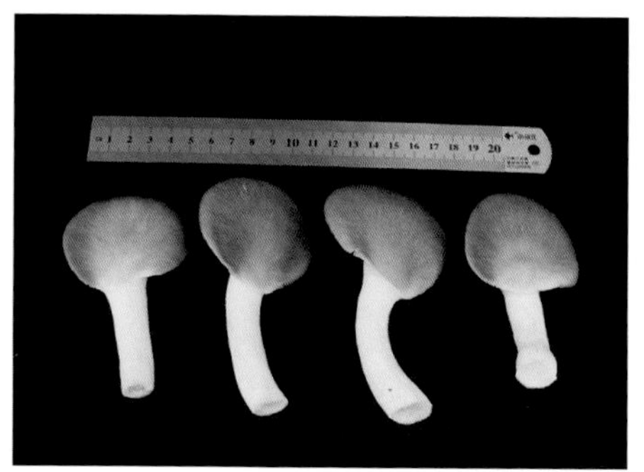

图7-10　B级菇

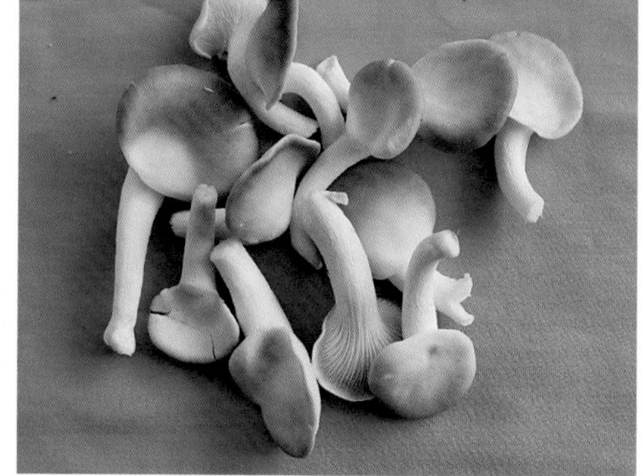

图7-11　C级菇

表7-1 秀珍菇等级要求

等级	一级（A级）	二级（B级）	三级（C级）
色泽	菌盖灰褐色、灰色，色泽均匀一致，菌盖光洁，无异色斑点	菌盖灰褐色、灰色，色泽均匀一致，菌盖光洁，允许有轻微异色斑点	菌盖灰褐色、灰白色，菌盖光洁，允许有轻微异色斑点
形态	扇形或掌状形，菌盖边缘内卷，菌肉肥厚，菌柄基部切削平整，无渍水状，无黏滑感	扇形或掌状形，菌盖边缘内卷，菌肉较肥厚，菌柄基部切削平整，无渍水状，无黏滑感	扇形或掌状形，菌盖边缘内卷，菌柄基部切削允许少量不平整，无渍水状，无黏滑感
菌盖直径	3.0 ~ 4.0cm，大小均匀	4.0 ~ 5.0cm，大小均匀	直径5.0cm以上，菌盖大小不均匀
菌盖厚度	菌盖厚薄均匀	菌盖厚薄均匀	菌盖厚薄不均匀
菌柄长度	菌柄长度3 ~ 4cm	菌柄长度4 ~ 5cm	菌柄长短不一
残次菇占比/%	≤8	≤10	≤12.0
畸形菇占比/%	无	≤2.0	≤5.0
损伤	无损伤	无损伤	少量损伤
菇体含水量/%	90	90	90

五、包装

1. 人员、场地和设施

按《食用菌包装及储运技术规程》（NY/T 3220—2018）的要求执行。

2. 包装材料

包装材料安全卫生，应完整成型、清洁、干燥、无污染、无毒、无异味，能阻隔微生物传染和其他有害物质侵害等。

泡沫箱：宜使用聚苯乙烯泡沫塑料箱，质量应符合《食品安全国家标准 食品接触用塑料材料及制品》（GB 4806.7—2016）和《农产品物流包装容器通用技术要求》（GB/T 34343—2017）规定，具有保温、抗老化、防冲击、防震性能。塑料泡沫箱密度一般为≥14g/cm^3，泡沫箱可依据容装量制订规格。

保鲜塑料袋、塑料托盘、保鲜薄膜：内包装为防雾聚乙烯或聚丙烯保鲜袋，应符合GB 4806.7—2016的规定，色泽透明，无异味、臭味、异物，光滑。

保鲜冰瓶或冰袋：冰袋或塑料冰瓶应符合GB 4806.7—2016规定，使用前

12 ~ 24h注水冰冻，水应符合《生活饮用水卫生标准》(GB 5749—2006) 的规定。

3.包装方法与规格

包装基本要求：同一包装袋内或同一泡沫箱内产品必须同一等级，不允许混合包装。包装执行标准参见《绿色食品　包装通用准则》(NY/T 658—2015)。

秀珍菇挑选分级后，用聚乙烯保鲜塑料袋按2.5kg/袋装袋，真空抽出袋内空气后扎紧袋口，装入泡沫箱，每箱装8袋（20kg），发货前在泡沫箱中均匀放入2 ~ 4个冰袋或冰瓶，再用胶带封箱（图7-12、图7-13）。也可根据客户要求按不同规格装箱。

超市托盘小包装：秀珍菇鲜品在本地超市销售时，可以采用托盘式的拉伸膜包装（图7-14）。拉伸膜要求透气性好，利于托盘内水蒸气的蒸发。托盘规格按鲜菇重量设计。

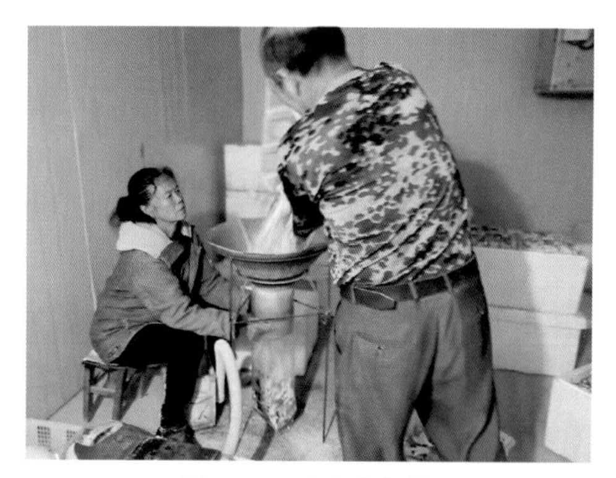

图7-12　秀珍菇包装

图7-13　包装好的秀珍菇

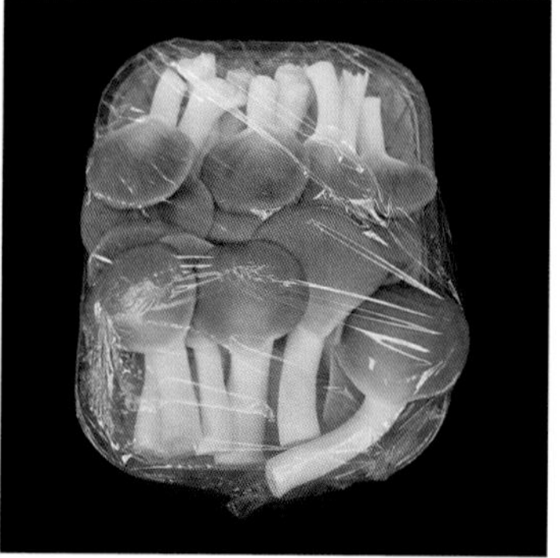

图7-14　使用托盘包装秀珍菇

4. 包装标识

封箱后的产品应在泡沫箱外贴包装标识。标识应符合《包装储运图示标志》(GB/T 191—2008) 和《蔬菜包装标识通用准则》(NY/T 1655—2008) 的规定，内容包括产品名称、等级规格、生产单位及地址、净重量和采收包装日期等。

六、冷藏保鲜

包装好的秀珍菇放保鲜库内存放。库内冷藏温度为1 ~ 3℃，冷藏环境湿度为90%，冷库内空气循环速度适中，可保藏5 ~ 7d，远距离运输使用冷藏车，以延长鲜菇的货架期。

七、秀珍菇脱水烘干技术

1. 常用烘菇设备

秀珍菇脱水烘干加工一般使用强制通风式的烘干机（图7-15）。

图7-15　食用菌烘干设备

2. 具体技术流程及要求

（1）烘干材料要求

需烘干处理的秀珍菇鲜菇要求在八成熟时采收。采下的鲜菇不可久置于24℃以上的环境中，以免引起褐变，造成菇褶色泽由白色变为浅黄或深灰色，严重的甚至变黑，鲜菇以手摸菇柄无湿感为宜。

（2）装筛进房

将鲜菇分级后叠放置于烘筛上，叠放高度以10 ～ 12cm为宜，不超过15cm，以免烘干不均匀。然后逐筛装进筛架上，筛架通过轨道推进烘干室内，把门紧闭。若是小型的脱水机，则只要把整理好的鲜菇摊排于烘筛上，逐筛装进机内的分层架上，闭门即可。烘筛进房时，应把菇柄长、大、湿的鲜菇排放于中层；菇柄短、小、薄的排于上层；质差的排于底层。

（3）温度控制技术要求

鲜菇烘干过程分为3个阶段，各阶段温度要严格把控。

①第一阶段：初烘温度不能低于30℃，因为起温过低，菇体内细胞继续活动，也会降低产品的等级，但温度也不能过高，因为鲜菇含水量高，子实体细胞突然受热膨胀易破裂，导致内容物流失，有机物也易因高温而分解或焦化，使菇褶变黑，有损成品外观与风味。通常鲜菇进房前，初烘温度在42 ～ 45℃，持续2 ～ 3h，此温度范围既有利于钝化过氧化物酶的活性，又能较好地保持鲜菇原有的品质。此阶段要强抽风排湿，烘箱内自动通风排湿，空气相对湿度不能高于50%。

②第二阶段：经过初期的烘干降湿处理后，进入第二阶段的烘干。此时可将烘干温度从45℃逐渐调至65℃，升温速度以每小时升温2 ～ 3℃为宜，并在最终温度下继续烘干2h。升温应缓慢，温度升得过高、过快，菇体中酶的活性迅速被破坏，会影响干品质量。烘干最终温度不能过高，否则秀珍菇中的蛋白质将遭到破坏，菇体内的氨基酸与糖互相作用，使菌褶呈焦褐色。烘干最终温度也不能低于60℃，否则不能彻底杀灭害虫卵，使干品在贮藏期间容易发生谷蛾、蕈蚊等虫害。烘干过程中适当翻动或调整上下位置，整个烘干时间以8h左右为宜（可依据烘干设备的功率大小及烘干效果适当调整时间）。

③第三阶段：经过前两个阶段的处理，秀珍菇已蒸发大部分水分，为防止菇体最后的色泽变差和易于控制水分，第三阶段温度控制为45℃左右，持续时间为2h。

（4）干度测定

经过脱水烘干后的秀珍菇成品（图7-16），要求含水量不超过13%。可以采用感官测定的方法测定含水量，用指甲顶压菇柄，若稍留指甲痕，则说明干度已够。若一压即断，则说明太干。秀珍菇鲜菇脱水烘干后的干品率为（10 ～ 11）：1，即10 ～ 11kg鲜菇可得1kg干品。鲜菇脱水烘干时，不宜烘干过度，否则菇体易烤焦或破碎，影响质量。

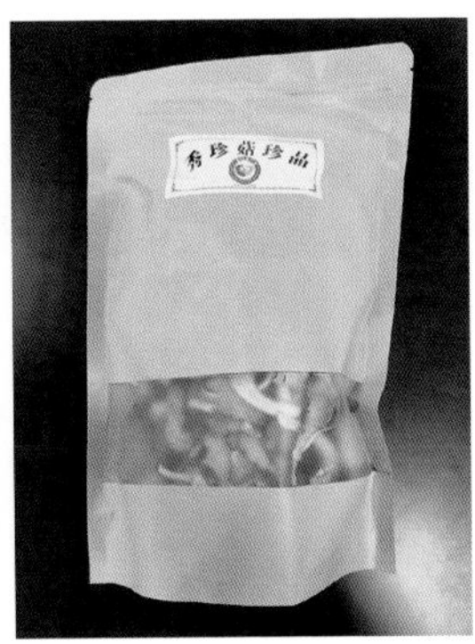

图7-16 秀珍菇干品

（5）干品回软及包装

回软的原理和目的：在产品经过烘干、选剔、冷却后，应立即堆集起来或放在密闭的容器中，使水分自行平衡。在此期间，过干的产品会吸收尚未干透的产品的多余水分，从而使所有干制品的含水量能够均匀一致便于贮藏。同时，产品的质地也稍显疲软，适宜于包装和运输。

烘干产品放入塑料袋内密闭放置5 ~ 7d后，即可使菌柄上的多余水分转移到菌盖上，达到回软的目的。回软后，在包装前再翻倒一次，以免局部水分集中或产生发热点。

第八章

秀珍菇菌渣循环利用

一、食用菌菌渣再利用的意义

食用菌菌渣又称菌糠、下脚料等，是指食用菌生产结束后剩余的包含菌丝体的培养料（图8-1）。随着我国食用菌产业发展，食用菌栽培规模逐年提高，随之产生了大量食用菌菌渣。根据食用菌生物学利用率（40%）计算，菌渣干物质重量占栽培前原料的60%。2019年，全国食用菌总量达到3 933.87万t，产生菌渣5 900余万t。随着菌渣数量的不断增加，成为制约食用菌产业发展的一个重要因素，同时未经处理的菌渣被乱堆乱放，造成环境污染，带来严重的生产隐患。因此，如何环保、有效地处理好食用菌菌渣显得尤为重要。

食用菌基质经菌丝降解后，纤维素、木质素含量大幅下降，但仍含有丰富的蛋白质、氨基酸以及铁、钙、锌、镁等微量元素。近年来，将菌渣综合应用于二次种菇、有机肥基质、沼气、养殖垫料等均取得较好效果。菌渣的高效利用对于食用菌产业链延长和农业生态循环和绿色发展都具有重要意义。

图8-1　秀珍菇菌渣

二、食用菌菌渣综合利用方式

1.二次栽培食用菌

据检测，秀珍菇菌渣主要营养成分含量分别为全氮1.56%、全磷0.28%、全钾1.91%、有机碳34.89%、粗蛋白质9.8%、C/N22.37，非常适合用于再次栽培食用菌。据万水霞研究，利用30%的秀珍菇菌渣，预处理5d的鸡粪、饼肥等，按双孢蘑菇原料堆制发酵的方法发酵20d后进行双孢蘑菇栽培，生物学转化效率达到63%，比常规栽培料高出10%。菌渣栽培双孢蘑菇，一方面减少了原料成本，另一方面减少了培养料一次发酵的工序，增加了整体经济效益（图8-2）。

图8-2　菌渣栽培双孢蘑菇

菌渣栽培双孢蘑菇配方为菌渣30%，鸡粪29%，稻草39%，石灰1%，石膏1%。

常规栽培双孢蘑菇配方为鸡粪29%，稻草59%，饼肥8%，磷肥2%，石灰1%，石膏1%。

2.食用菌菌渣的肥料化利用

菌渣有机质含量高于有机肥要求（有机肥中有机质要求不低于40%），而且菌渣质地疏松，有较好的持水能力，在土壤中可进一步分解成具有良好透气、蓄水能力的腐殖质，可有效改良土壤。菌渣未经过充分发酵腐熟直接施用，容易滋生病原菌和害虫，堆积过程中常会发酵产热，影响作物生长。但菌渣与禽畜粪便、发酵菌剂一起发酵制成的有机肥，成本低，效果好，可改良土壤，提高作物产量，减少病害发生。

菌渣有机肥一般的堆制发酵工艺包括一级发酵和二级发酵。一级发酵即高温阶段，保证料堆内温度在50～60℃，当温度超过65℃时翻堆，使此过程发酵温度在50℃以上保持7～10d。一级发酵过程含水量宜控制在50%～60%，发酵周期为35～40d。二级发酵即降温阶段，堆体温度在50℃以下，适时控制堆高、通风和翻堆作业，发酵周期为15～20d。当堆温不再上升，料呈黑褐色、无异味时发酵结束（图8-3、图8-4）。

图8-3 菌渣堆制有机肥

图8-4 菌渣有机肥成品

常见的菌渣与禽畜粪便发酵配方为菌渣50%～80%，鸡粪、牛粪、猪粪20%～50%，发酵菌剂0.01%。

菌渣有机肥利用实例：

（1）菌渣有机肥种植蔬菜

种植油菜：每亩施用菌渣有机肥300kg，配合施用化肥，在油菜播种前撒施并耕翻土地，比常规施肥显著增产24.6%。

种植花生：每亩施用菌渣有机肥500kg，配合施用化肥，在花生播种前撒施并耕翻土地，与常规施肥相比，增产16.2%，增收0.8%。

种植黄瓜：每亩施用2 500kg菌渣堆肥和三元复合肥，在播种前撒施并耕翻土地，苗期、初瓜期、盛瓜期、末瓜期追施水溶肥，每亩产黄瓜2 562.8kg。产量与常规施肥相当，随着菌渣堆肥施用量的增加，黄瓜产量提高。

（2）菌渣有机肥种植水果

菌渣有机肥种植葡萄、哈密瓜、百香果、柑橘等水果（图8-5、图8-6）。种植甜瓜：广西武宣县瓜农利用菌渣有机肥种植厚皮甜瓜，有机肥原料组成为80%菌渣、20%左右猪粪、益生菌0.01%，原料加水搅拌均匀（含水量

图8-5 菌渣种植葡萄

图8-6 菌渣有机肥种植百香果

50%）后，建堆发酵40d，制成有机肥后配入基质种植厚皮甜瓜，既节约肥料成本，同时改善甜瓜品质，增加收益（表8-1）。

表8-1 菌渣有机肥与常规肥料栽培厚皮甜瓜试验对比

项目		处理		
		菌渣有机肥	有机肥（市售）	复合肥（市售）
$300m^2$肥料成本/元		450	720	700
肥效对比	有机质含量/%	45.2	45	0
	含氮量/%	2.26	1.7	16
	含磷量/%	2.14	1.7	16
	含钾量/%	2.47	1.7	16
$300m^2$产量/kg		1 337.72	1 318.75	1 310.4
品质		瓜皮网纹凸起均匀，无开裂，瓜形美观，颜色鲜艳，瓜肉质鲜黄，口感脆甜，评分89.84	瓜皮网纹凸起均匀，无开裂，瓜形美观，颜色鲜艳，瓜肉质鲜黄，评分86.78	瓜皮网纹凸起不均，开裂较多，色泽偏淡，口感脆，不够甜，评分79.66

种植葡萄：将食用菌菌渣作为基肥施入葡萄园中，能有效促进葡萄叶片生长，利于葡萄新根的生长，提高葡萄的产量和品质，同时还能有效提高土壤中有机质和速效氮、速效磷、速效钾的含量及土壤pH，降低土壤容重（表8-2）。

表8-2 菌渣种植葡萄效果对比

项目	处理		
	菌渣	牛粪等有机肥	不施有机肥（对照）
叶片重量/g	19.96	19.63	18.38
新根数	多	多	少
有机质/（mg/kg）	68.11	64.21	54.84
含氮量/（mg/kg）	168.16	169.33	124.58
含磷量/（mg/kg）	20.39	22.16	16.98
含钾量/（mg/kg）	68.01	69.35	55.81
容重/（g/cm^3）	0.81	0.78	0.89
pH	6.7	6.9	6.2
亩产量/kg	1 490	1 520	1 050

（3）菌渣有机肥种植块茎类作物

菌渣有机肥种植生姜、马铃薯、山药、木薯等（图8-7、图8-8）。

腐熟菌渣种植生姜：底肥每亩施菌渣堆肥1 000kg，尿素20kg，磷酸二铵24kg，硫酸钾24kg，苗期、分枝期和膨大期追施配方肥，比常规施肥增产1.3%，增收11.8%。

图8-7　菌渣有机肥种植马铃薯

图8-8　菌渣有机肥种植山药

3. 菌渣做育苗基质

菌渣不仅含有丰富的有机物质和矿质元素，而且含有食用菌菌体蛋白、次生代谢产物、微量元素等多种水溶性养分，并且具有良好的物理性状，可作为种植业上的育苗基质，菌渣基质已在较多作物育苗上得到应用。

如，草炭：菌渣：河泥：珍珠岩＝4 ：4 ：1 ：1是较好的黄瓜育苗基质配方。草炭：菌渣：河泥：珍珠岩＝5 ：3 ：1 ：1是较好的辣椒、番茄育苗基质配方。工厂化育苗生产中可以适当添加菌渣，降低基质中草炭比例，有效降低成本。

4. 食用菌菌渣的垫料化利用

发酵床养殖技术是一种新型环保养殖技术，但随着锯末、稻壳等垫料原料供应紧张，发酵床垫料成本上涨，制约了发酵床养殖技术的进一步推广。相较于传统发酵床垫料，菌渣营养物质丰富，透气性好，便于发酵床中微生物活动，可用于制作发酵床。

（1）菌渣发酵料床应用实例

①菌渣发酵料床：发酵剂菌种200g，玉米面3.0kg，稻壳40kg，锯末20kg，菇渣40kg。

②普通料床：发酵剂菌种200g，玉米面3.0kg，稻壳40kg，锯末60kg。

③水泥地面料床：无任何垫料。

（2）应用效果

采用菌渣发酵床的猪舍，猪日增重为450g，较常规发酵床的增重4.7%，较水泥地面养殖方式的增重12.5%。菌渣发酵床的猪的料肉比为3.25，较常规发酵床的降低7.1%，较水泥地面养殖方式的降低14.9%，菌渣垫料养猪方式饲料成本显著降低（图8-9）。

图8-9　菌渣作养猪垫料

5.菌渣菇脚发酵饲料养殖

菌渣中菌体蛋白质含量高，还富含多种糖类、有机酸类、铁、钙、锌、镁等，氨基酸含量与玉米相当。但是，与动物饲料相比，菌渣蛋白质含量仍偏低，且粗纤维含量过高，影响畜禽对营养物质的消化吸收，导致其可饲用性较差，不宜直接作为畜禽饲料。目前食用菌菌渣的饲料化利用主要用于肉兔和牛、羊类养殖，且需与其他饲料合理搭配使用。

菌渣饲养肉羊实例：饲料中添加16%菌渣制备肉羊精饲料，日均增重高于常规饲料16.58%，效益提高14.08%。

菇脚菌渣养鱼实例：在广西龙州、玉林陆川菇农在饲料中添加30%秀珍菇残次菇脚菌渣喂养罗非鱼、草鱼，取得较好效果（图8-10）。

图8-10　菇棚和养鱼池

参考文献

REFERENCE

陈雪凤, 2008. 大杯蕈栽培新技术彩色图解[M]. 南宁: 广西科技出版社.

黄良水, 2012. 浙西食用菌的特色品种与特色园区[J]. 食药用菌, 20 (5): 282-284.

黄良水, 蔡为明, 金群力, 2015. 我国秀珍菇的发展现状与前景展望[J]. 食药用菌, 23 (6): 340-343.

黄年来, 等, 2010. 中国食药用菌学[M]. 上海: 上海科学技术文献出版社.

李佳佳, 2017. 秀珍菇水解物美拉德反应制备调味核心基料的研究[D]. 无锡: 江南大学.

宋金俤, 等, 2013. 食用菌病虫害识别与防治原色图谱[M]. 北京: 中国农业出版社.

杨润亚, 李维焕, 吕芳芳, 2012. 秀珍菇子实体多糖的提取工艺优化及体外抗氧化性[J]. 食品与生物技术学报, 31 (10): 1093-1099.

玉林市微生物研究所, 等, 2020. 食用菌生产创新技术图解手册[M]. 北京: 中国农业出版社.

曾英书, 等, 2014. 秀珍菇设施栽培高产新技术[M]. 北京: 金盾出版社.

张金霞, 等, 2008. 食用菌菌种生产规范技术[M]. 北京: 中国农业出版社.

张艳君, 2013. 秀珍菇褐变原因及保鲜技术方法研究[D]. 福州: 福建农林大学.

朱华玲, 班立桐, 徐晓萍, 等, 2012. 食用菌发酵的应用研究进展[J]. 江西农业学报, 24 (4): 80-83.

袁卫东, 陆娜, 宋吉玲, 等, 2018. 浙江秀珍菇黄菇病病原菌的分离与鉴定[J]. 浙江农业学报, 30 (11) : 1893-1898.

郭倩, 周昌艳, 谭琦, 等, 2004. 华东地区秀珍菇黄菇病的发生及防治[J]. 中国食用菌 (1):30-31.

万水霞, 朱宏赋, 李帆, 等, 2009. 利用秀珍菇菇渣栽培双孢蘑菇的试验[J]. 中国食用菌, 28

(3):20-22.

柯斌榕，卢政辉，吴小平，等，2018. 秀珍菇退化菌株生物学特征比较及dsRNA病毒检测[J]. 南方农业学报，49 (1): 98-103.

王增术，2010. 福建罗源秀珍菇产业发展现状与对策[J]. 食用菌，32 (6): 5-6.

宫志远，等，2020. 食用菌菌渣循环利用途径[J]. 食用菌，28 (1) : 9-16.

张晓玉，张博，辛广，等，2016. 秀珍菇营养成分、生物活性及贮藏保鲜的研究进展[J]. 食品安全质量检测学报，7 (6): 2314-2319.

Duobin, M. , Yuping, M. , et al., 2013. Fermentation characteristics in stirred-tank reactor of exopolysaccharides with hypolipidemic activity produced by Pleurotus geesteranus5[J]. Anais da Academia Brasileira de Ciências, 85: 1473-1481.

Liu Zengliang, Zhou S, huangyun, et al., 2021. First Report of Cedecea neteri Causing Yellow Rot Disease in Pleurotus pulmonarius in China [J]. Plant Disease, 105 (4): 1189.

Lv G Y, Zhang Z F, Pan H J, et al., 2009. Antioxidant properties of different solvents extracts From three edible mushrooms [C]. Beijing: 3Rd International Conference on Bioinformatics and Biomedical Engineering.

Ranogajec A, Beluhan S, Smit Z, 2010. Analysis of nucleosides andmonophosphate nucleotides from mushrooms with reversedphase HPLC [J]. J Sep Sci, 33 (8): 1024-1033.

Shen H S, Liu, H Z, et al., 2015 . Tetramethylpyrazine from Pleurotus geesteranus[J]. Nat Prod Commun, 10 (9): 1553-1554.

Zhang A Q, Xu M, Fu L, et al., 2013. Structural elucidation of a novel mannogalactan isolated From the fruiting bodies of Pleurotus geesteranus. [J]. Carbohydrate Polymers, 92 (1): 236.

Zhang M, 2010. Heating-induced conformational change of a novel β - (13)-D-glucan from Pleurotus geesteranus [J]. Biopolymers, 93 (2): 121-131.

图书在版编目（CIP）数据

秀珍菇高产栽培技术及常见问题图解/陈雪凤，吴圣进，刘增亮主编．—北京：中国农业出版社，2022.6
ISBN 978-7-109-29475-2

Ⅰ.①秀… Ⅱ.①陈… ②吴… ③刘… Ⅲ.①蘑菇-蔬菜园艺-图解 Ⅳ.①S646.1-64

中国版本图书馆CIP数据核字（2022）第091770号

中国农业出版社出版
地址：北京市朝阳区麦子店街18号楼
邮编：100125
责任编辑：李昕昱　　文字编辑：黄璟冰
版式设计：李　文　　责任校对：吴丽婷　　责任印制：王　宏
印刷：北京缤索印刷有限公司
版次：2022年6月第1版
印次：2022年6月北京第1次印刷
发行：新华书店北京发行所
开本：700mm × 1000mm　1/16
印张：7.75
字数：125千字
定价：68.00元